河南省南阳市有机农业生产实用技术

◎ 王宛楠　李明洋　董　民　主编

中国农业科学技术出版社

图书在版编目（CIP）数据

河南省南阳市有机农业生产实用技术 / 王宛楠，李明洋，董民主编 .—北京：中国农业科学技术出版社，2018. 8

ISBN 978-7-5116-3538-9

Ⅰ. ①河… Ⅱ. ①王…②李…③董… Ⅲ. ①有机农业-农业技术-南阳 Ⅳ. ①S345

中国版本图书馆 CIP 数据核字（2018）第 039594 号

责任编辑 史咏竹
责任校对 李向荣

出 版 者 中国农业科学技术出版社
北京市中关村南大街 12 号 邮编：100081
电　　话 (010)82105169(编辑室) (010)82109702(发行部)
(010)82109709(读者服务部)
传　　真 (010)82106626
网　　址 http://www.castp.cn
经 销 者 各地新华书店
印 刷 者 北京科信印刷有限公司
开　　本 710mm×1 000mm 1/16
印　　张 12. 5 彩插 2 面
字　　数 230 千字
版　　次 2018 年 8 月第 1 版 2018 年 8 月第 1 次印刷
定　　价 46. 00 元

《河南省南阳市有机农业生产实用技术》

编　委　会

序

《河南省南阳市有机农业生产实用技术》是一部全面、系统阐述有机农业生产标准及通用技术理论的著述，是一部针对南阳市有机农业发展实际的技术指导书籍，填补了南阳市有机农业发展的理论空白，在南阳市农业转型升级特别是有机农业发展历程中具有里程碑式的意义。

有机农业是指在生产中不采用基因工程获得的生物及其产物，不使用化学合成的农药、化肥、生长调节剂、饲料添加剂等物质，遵循自然规律和生态学原理，遵照特定的规程和标准，协调种植业和养殖业的平衡，采用可持续发展技术维持持续稳定的农业生产体系的一种农业生产方式。发展有机农业是解决两个现实需求的必然选择，即民众消费结构升级需求和农业发展转型升级需求的必然选择。随着人民生活水平日益提升，农产品消费需求结构发生了显著变化，不再是满足吃饱饭，而是要吃得好、吃得安全、吃得健康，发展有机农业和生产有机农产品是满足人民日益增长的消费需求的必然趋势。党的十九大提出实施乡村振兴战略，明确要坚持质量兴农、绿色兴农、效益优先，推动高质量发展，推进农业供给侧结构性改革，以优化农业产能和增加农民收入为目标，扩大有效供给和中高端供给，优化产业产品结构，提高农业综合效益和竞争力，这为发展有机农业、推进农业转型升级指明了方向。

南阳市是传统农业大市，也是南水北调中线工程渠首和重要水源地，为转变农业发展方式，推进农业供给侧结构性改革，确保一库清水永续送京（津）和实现农业提质增效，2013 年，南阳市委、市政府作出“发展现代农业，生产有机产品”重大战略决策，启动实施了现代农业强市建设专项行动，突出发展绿色有机农业，引领农业转型升级。南阳市以“生态南阳·绿色农业·有机食品”为主题，以培育“中线渠首”品牌为抓手，充分发挥农业资源丰富、生态环境良好、特色产业突出的优势，大力发展有机农业。经过努力，南阳市有机农产品认证数量和面积均居全国地级市之首。2016年，南阳市成功创建“全国农业综合标准化示范市”和全国首个“国家级食品农产品出口质量安全示范市”两个国字号品牌，淅川县、桐柏县被国家认监委批准为“国家有机产品认证示范区”创建县。

目前，南阳市有机农业发展尚处于起步发展阶段，为规范发展有机农业，打造南阳市有机农业品牌，亟需一个适合南阳市实际又通用的理论技术来指导规范生产。中国农业大学、北京农学院专家教授积极发挥有机农业发展技术的研究优势，在系统调研、常年指导、科学分析的基础上，根据南阳市生态环境、资源优势、技术基础、发展要求，选择主要农产品类型，编写了《河南省南阳市有机农业生产实用技术》，本书具有很强的前瞻性、适用性、指导性。相信本书的出版，必将对南阳市有机农业发展做出重要贡献。

北京农学院副校长
中共南阳市委前常委　范双喜
南阳市政府前副市长

目　　录

第一章 有机农业生产标准与技术体系

第一节 有机农业的概念与内涵

一、有机农业概念与范畴

有机农业是遵照有机农业生产标准，在生产中不采用基因工程获得的生物及其产物，不使用化学合成的农药、化肥、生长调节剂、饲料添加剂等物质，遵循自然规律和生态学原理，协调种植业和养殖业的平衡，采用一系列可持续发展的农业技术以维持稳定的农业生产体系的一种生产方式。这些农业技术包括选用抗性品种，建立豆科植物等作物轮作体系，利用秸秆还田、施用绿肥和腐熟畜禽厩肥等措施培肥土壤并保持养分循环，采取物理的和生物措施防治病虫草害等。

有机产品是来自于有机农业生产体系，按照有机标准相关生产要求生产、加工，并通过独立有机食品认证机构认证的供人类消费、动物使用的产品，包括食用农产品（初级加工及深加工）、纺织品及动物饲料等，如粮食、蔬菜、水果、奶制品、禽畜产品、水产品、调料等；国际上有机产品还包括化妆品、林产品等。

有机农业一方面汲取和继承了我国古代传统农业的精华，如“天人合一”“相生相克”的人与自然秩序和谐相处的哲学基础，以及“免耕、套种、轮作、绿肥、冬耕冬灌、农家肥使用”等经典技术；另一方面运用了现代“生态学、生物学、植物营养学、土壤微生物学”等科学技术和“杂交育种、工厂化天敌生产（Bt、赤眼蜂等）、现代化农机、水利设施”等生产条件以及科学管理方法，使有机农业得以经济、健康、持续的发展。

二、有机农业的特征与要求

有别于其他安全农产品生产，有机农业生产体系具有如下特征和要求。

（一）投入品

投入品包括有机生产过程中采用的所有物质或材料，如种子、肥料、药剂、地膜等。有机农业旨在生产、加工、流通和消费领域，维持和促进生态系统和生物的健康，包括土壤、植物、动物、微生物、人类和地球的健康，尤其致力于生产高品质、富营养的食物，以服务于预防性的健康和福利保护。因此，有机农业尽量避免使用化学合成的肥料、植物保护产品以及兽药和食品添加剂等物质。

此外，由于理念不同，有机农业生产体系禁止使用基因工程生物/转基因生物及其衍生物，包括植物、动物、微生物、种子、花粉、精子、卵子、其他繁殖材料，以及肥料、土壤改良物质、植物保护产品、植物生长调节剂、饲料、动物生长调节剂、兽药、渔药等农业投入品；同时存在有机和非有机生产的生产单元，其常规生产部分也不得引入或使用基因工程生物/转基因生物。

有机农业基于活性的生态系统和物质能量循环，与自然和谐共处，效仿自然并维护自然的理念，采取适应当地条件、生态、文化和规模的生产方式，通过回收、循环使用和有效的资源和能源管理，降低外部投入品的使用，以维持和改善环境质量，保护自然资源。

有机农业允许使用一些非化学合成的肥料及植保药剂，具体种类及要求详见本章后续内容。

（二）转换期

转换期是指按照有机生产标准开始管理至生产基地和产品获得有机认证之间的时段。由常规生产向有机生产发展需要经过一定时间的转换，经过转换期后播种或收获的植物产品才允许作为有机产品销售。生产者在转换期期间应完全按照有机生产要求进行生产。

有机农业禁止使用化学合成肥料和药剂，要求保持生产环境和生产过程的清洁。对于刚刚开始有机生产的基地而言，之前土壤中的农药残留等有害物质需要一定时间的消解期；对于生产者而言，重新掌握有机生产后病虫害发生规律的变化，以及积累其他必要技术和经验，均需要一定的时间。因此，有机农业生产标准根据不同作物的特点，制定了相应时间长度的转换期，以保障有机生产的持续性、稳定性和有机产品的安全性。

有机种植业要求一年生作物的转换期至少为播种前的 24 个月；草场和多年生饲料作物的转换期至少为有机饲料收获前的 24 个月；饲料作物以外的其他多年生植物的转换期至少为收获前的 36 个月。转换期内应按照有机农业标准的要求进行管理。新开垦的、撂荒 36 个月以上的或有充分证据证明 36 个月以上未使用有机标准禁用物质的地块，也应经过至少 12 个月的转换期。

（三）缓冲带

有机农业生产体系一方面要求维护和提高生产基地的生物多样性水平，另一方面又需要保持自身免受外来污染。因此，有机生产体系要求在有机和常规地块之间有目的设置可明确界定过渡区域，以有效限制或阻挡邻近田块的禁用物质漂移的。这些过度区域被称为隔离带或缓冲带。缓冲带可以利用自然界的山林、溪谷，也可以是人为种植的树篱和驱避/诱集植物等，即起到阻挡禁用物质漂移的作用，又可以为天敌等有益生物提供取食、栖息、繁衍和藏身的地点。

（四）平行生产

某些时候，有机生产者由于各种原因，希望在同一个基地内，同时生产相同或难以区分的有机、有机转换或常规产品，这种情况被称为平行生产。存在平行生产的基地，在投入品的存放与调用，禁用物质隔离，生产工具与产品的混淆等多方面均具有较高的潜在风险。因此，有机农业生产体系要求一年生作物禁止出现平行生产的情况；多年生作物应严格制定平行生产管理规程和（常规部分）有机转换计划，最大程度规避风险，并应该在 5 年内全部转为有机生产。

（五）生物多样性与污染控制

有机农业提倡通过设计耕作系统、建立生物栖息地，保护基因多样性和农业多样性，以维持生态平衡，保护和改善环境。有机生产应采取适当措施防止水土流失、土壤沙化和盐碱化，应充分考虑土壤和水资源的可持续利用；应充分利用作物秸秆进行覆盖或堆肥还田，禁止焚烧处理；注意不使用聚氯类产品的塑料薄膜、防虫网，并且使用后须从土壤中清除，禁止焚烧。

三、有机农业的本质与内涵

有机农业的本质是一种科学的环境友好型的农业技术生产体系。该体系能够标准化、规模化地生产出具有合理性价比，可追溯的安全、优质、营养的有机产品。

广大消费者经常有一个误区：以前没有化肥、化学农药的时候，生产的产品都是“有机产品”。其实，有机产品与原始农业产品是有本质区别的。我们说生产有机产品禁止农药、化肥和转基因技术等，这是只是其技术底线，是有机产品的必要条件，但不是充分条件。也就是说，虽然有机产品肯定是不使用化学农药、化肥、转基因技术等，但反过来，具有这些特征的产品却不一定都是有机产品。

有机产品除满足上述无农药、无化肥、非转基因技术等技术底线之外，必须具有“标准化、可追溯及独立第三方认证”这几个显著特征。

首先，标准化是有机产品的天然属性。有机产品出自一套科学的技术体系，必须能够依据该技术体系进行适度的批量化生产，有别于“人放天养”的原始生产方式，同一批有机产品的外观、风味、营养及价格（生产成本）等都应具有一定的稳定性与合理性。由此可见，那些所谓的“歪瓜裂枣”“有虫眼”等的农产品，以及一些偏离正常价格体系的“天价”农产品，都是技术体系不过关的产物，有违有机农业的核心理念。

其次，由于出自严谨的生产技术体系，有机产品生产从土壤管理、种子种苗选择、栽培过程、病虫害防控、采收储运和销售等全生产过程必然会形成一套严格、完整的技术要求和生产流程数据记录，以便对各个关键流程进行质量控制。这些信息，借助目前物联网等高科技手段，可以轻松地对产品生产全过程进行追溯。因此，部分消费者偏好的冠以“农家”“自产”等商品如果不具备有效的追溯功能，也是不符合有机产品要求的。

最后，有机产品必须获得具有资质的独立的第三方的认证机构认证并授权使用有机产品相关标识。我国有机产品国家标准明确规定：“‘有机’术语或其他间接暗示为有机产品的字样、图案、符号，以及中国有机产品认证标志只应用于按照 GB/T 19630. 1、DB/T 19630. 2 和 GB/T 19630. 4 的要求生产、加工并获得认证的有机产品的标识，除非‘有机’表述的意思与本标准完全无关。”由此可见，我国并不采信生产者的自我声明，有机产品必须满足国家标准并获得认证。有机产品作为一种国际通行的技术体系，在近几十年的发展过程中，其自身的概念、标准和内涵都已十分明确和清晰，并已经为国际生产者、消费者普遍认可。因此，任何企业和个人都不得以任何理由加以冒用；任何企业将常规产品宣传、暗示为“有机”产品，都是违规和违法的。

总之而言，有机农业的内涵可以理解为“健康、生态、公平、关爱”，其本质是一种科学、严谨、简洁的技术体系。有机产品是在针对“产地环境、目标品种、农业投入物要求、有害生物管控、储运、追溯”等各生产环节进行风险分析的基础上，进行的标准化的生产。只有这样，无论在何处、无论生产者是谁，只要按照统一的标准求去生产，并能够达标准的生产要求，那么此产品的质量必然是有保障的。

第二节　有机农业标准体系

一、有机产品标准的原则

不同于绿色食品及无公害农产品的“通则类+产品类”的标准体系，我国有机产品标准更加强调了在风险分析基础上，对生产过程的控制，而非单一以产品的检测结果作为最终的判定依据。

二、有机产品标准的构成体系

GB/T 19630—2011《有机产品》分为“生产”“加工”“标识与销售”“管理体系”4部分。

“生产”部分主要包括作物种植（包括蔬菜生产要求）、食用菌栽培、野生植物采集、畜禽养殖、水产养殖、蜜蜂养殖及其产品的运输、贮藏和包装等内容，是农作物、食用菌、野生植物、畜禽、水产、蜜蜂及其未加工产品的有机生产通用规范和要求。

“加工”部分为“有机产品加工的通则”，是以上述生产标准生产的未加工产品为原料进行加工及包装、贮藏和运输的食品、饲料、纺织品（棉花或蚕丝）等有机产品的加工通用规范和要求。

“标识与销售”部分为对按照上述“生产”和“加工”标准要求生产或加工，并获得认证的有机产品（应如何）进行标识和销售的规定，是有机产品标识和销售的通用规范及要求。

“管理体系”部分为有机产品在生产、加工、经营过程中必须建立和维护的管理体系要求，是有机产品的生产者、加工者、经营者及相关供应环节的质量管理通用规范和要求。

第三节　有机种植业生产通用技术

一、有机农业生产核心理念

有机农业只是一套严谨而单纯的科学技术体系，与宗教信仰、神秘主义等内容无关。

有机农业是一种不使用人工合成及转基因技术生产的肥料、化学农药、生长调节剂等投入品的农业生产体系，要求尽可能地依靠作物轮作、抗虫品种，以及综合应用其他各种手段控制作物病虫草害的发生。有机农业要求每位生产者从生态系统的角度出发，综合应用各种农业的、生物的、物理的防治措施，创造不利于病虫草害滋生和有利于各类自然天敌繁衍的生态环境，保证农业生态系统的平衡和生物多样化，最终达到保障目标作物健康，减少有害生物为害，逐步提高土地再利用能力，从而保持持续、稳定增产的目的。开展有机农业生产，既可以保护环境，减少各种人为的环境及产品污染，又能够提高经济效益。

有机产品为目前最高等级的安全农产品，在生产中应基于以目标作物为核心的农业生态体系健康理论，通过构建良好的土壤环境和生态环境，保障作物的健康生长，打造“防、控、治”为一体的有害生物防控技术体系。

二、基地环境条件

未受污染的良好生产基地环境是生产有机产品的基础和保障。

有机生产需要选择土壤、空气、水源均未受污染，土壤质地良好的地块建园。园区应远离城区、工矿区、交通主干线、工业污染源、生活垃圾场等。

根据 GB/T 19630.1《有机产品　第 1 部分：生产》的要求，有机生产基地的土壤环境质量应符合 GB 15618《土壤环境质量标准》中的二级标准；农田灌溉用水水质应满足 GB 5084《农田灌溉水质量标准》的相关要求；生产基地环境空气质量应达到 GB 3095《环境空气质量标准》的二级标准的规定；食用菌水源水质应符合 GB 5749《生活饮用水卫生标准》的要求。

三、土壤培肥措施

科学的土壤培肥措施是土壤健康的基础。只有健康的土壤，才能够持续、均衡、稳定、及时地为作物提供所需营养，保证作物健康生长。

土壤中氮素过多，不仅会增加产品中亚硝酸盐的含量，而且直接引发诸如粉虱、蚜虫等刺吸类害虫种群数量的增长。因此，有机农业土壤培肥宗旨和原则是必须建立起以作物为核心的施肥系统，因土壤、作物而异，均衡施肥；确定合理的轮作施肥制度，合理调配养分；选择合理的施肥技术，提高化肥利用率。

有机生产应综合考虑目标作物营养需求、肥料种类、土壤的养分释放能等因素，有针对性地制定土壤培肥措施，最终达到土壤中营养物质“稳定库存，略有节余”的目的。

部分常见作物的营养需求，详见表 1-1。

表 1-1　不同作物经济产量 100kg①、1000kg②的需肥量　（单位：kg）

作物种类		氮（N）	磷（P_2O_5）	钾（K_2O）
粮食、油料	稻谷①	2.40	1.25	3.1
	玉米籽粒①	2.60	0.90	2.10
	甘薯②	3.50	1.75	5.50
	大豆籽粒①	6.60	1.30	1.80
	豌豆籽粒①	3.00	0.86	2.86
	冬小麦籽粒①	3.00	1.25	2.50
	花生籽粒①	6.80	1.30	3.80
	芝麻①	8.23	2.07	4.41

（续表）

	作物种类	氮（N）	磷（P_2O_5）	钾（K_2O）
蔬菜[2]	萝卜（鲜块根）	2.1~3.1	0.8~1.9	3.8~5.6
	大白菜（全株）	1.77	0.81	3.73
	花菜（鲜花球）	7.7~10.8	2.1~3.2	9.2~12.0
	甘蓝（鲜茎叶）	3.1~4.8	0.9~1.2	4.5~5.4
	菠菜（鲜茎叶）	2.1~3.5	0.6~1.1	3.0~5.3
	番茄（鲜果）	2.2~2.8	0.50~0.80	4.2~4.80
	甜椒（鲜果）	3.5~5.4	0.8~1.3	5.5~7.2
	茄子（鲜果）	2.6~3.0	0.7~1.0	3.1~5.5
	胡萝卜（鲜块根）	2.4~4.3	0.7~1.7	5.7~11.7
	芹菜（全株）	1.8~2.0	0.7~0.9	3.8~4.0
	黄瓜（鲜果）	2.8~3.2	1.0	4.0
	南瓜（鲜果）	3.7~4.2	1.8~2.2	6.5~7.3
	冬瓜（鲜果）	1.3~2.8	0.6~1.2	1.5~3.0
	架豆（鲜果）	8.1	2.3	6.8
	洋葱	2.7	1.2	2.3
水果[2]	梨	4.7	2.3	4.8
	苹果	3.0	0.8	3.2
	桃	4.8	2.0	7.6
	柿	5.9	1.4	5.4
	葡萄	6.0	3.0	7.2

有机农业生产的肥料选择应因地制宜，满足“有机化、多元化、无害化和低成本化”的要求；允许使用种类包括农家肥、矿物肥料、绿肥和生物菌肥等。

（一）农家肥

农家肥是有机农业生产的基础，是降低农村面源污染，循环利用资源的有效手段，能够促进种植业与养殖业的有效结合，降低有生产成本，实现良性物质循环。

农家肥通常包括畜禽粪便或厩肥、秸秆、饼肥等农业生产废弃物，可以通过堆、沤等好氧、厌氧无害化过程制成堆肥、沤肥以及沼气肥等加以利用。部分肥料的营养含量见表 1-2。

（二）矿质肥

矿质肥包括所有来源于天然矿物的肥料，如磷肥、钾肥、镁肥、钙肥、硼肥等。

表 1-2　部分肥料营养含量　（单位：%）

肥料名称		氮（N）	磷（P_2O_5）	钾（K_2O）
粪肥类	猪粪尿	0.48	0.27	0.43
	猪厩肥	0.45	0.21	0.52
	牛　粪	0.32	0.21	0.16
	牛厩肥	0.38	0.18	0.45
	羊粪尿	0.80	0.50	0.45
	羊　粪	0.65	0.47	0.23
	鸡　粪	1.63	1.54	0.85
饼肥类	菜籽饼	4.98	2.65	0.97
	黄豆饼	6.30	0.92	0.12
	芝麻饼	6.69	0.64	1.20
	花生饼	6.39	1.10	1.90
绿肥类（鲜草）	紫云英	0.33	0.08	0.23
	紫花苜蓿	0.56	0.18	0.31
	大麦草	0.39	0.08	0.33
	玉米秆	0.48	0.38	0.64
	稻　草	0.63	0.11	0.85

①磷肥：有机农业中是禁止使用过磷酸钙、重过磷酸钙等水溶性化学磷肥；而弱酸性磷肥（如钙镁磷肥）和难溶性的磷肥（如磷矿粉等）可以作为有机农业生产中的磷肥补充。

②钾肥：草木灰、天然钾盐和窑灰钾肥等都允许作为有机农业中钾肥的来源。

③钙肥：含钙的肥料包括石灰、钙镁磷肥、磷矿粉和窑灰磷肥等。石灰是最主要的钙肥，包括生石灰（氧化钙）、熟石灰（氢氧化钙）、碳酸石灰（碳酸钙）3 种。

④镁肥：镁肥主要来源于土壤和有机肥。土壤中镁（MgO）含量为0.1%~4%，多数在 0.3%~2.5%，主要受成土母质、气候、风化和淋溶程度的影响。厩肥中含镁量为干物质的 0.1%~0.6%，因此在以有机肥为主要肥源的有机农业中，镁的缺乏不如常规农业普遍。

⑤硼肥：硼砂等天然硼肥可以提高授粉效果，促进早熟和改善品质，提高维生素 C 含量，增强抗性。

（三）绿　肥

绿肥的主要种类有豆科及禾本科的三叶草、紫花苜蓿、紫云英、苕子、沙打旺、黑麦草等。绿肥一般作为轮作、隔离带或果园地表植被等，通过刈割覆盖、堆肥等形式还田。长期使用绿肥可以有效增加土壤氮素与有机质含量；富集和转化土壤养分；改善土壤理化性状，加速土壤熟化，改良低产土壤；减少水、土、肥的流失和固沙护坡，改善生态环境；调节土壤温度，有利于作物根系的生长。

（四）生物菌肥

以特定微生物菌种生产的富含活性微生物的肥料。根据微生物肥料对改善植物营养元素的不同，可以将其分成根瘤菌肥料、磷细菌肥料、钾细菌肥料、硅酸盐细菌肥料和复合微生物肥料 5 类。微生物肥料可用于拌种，也可作为基肥和追肥使用。值得注意的是，有机农业生产中，禁止使用基因工程（技术）菌剂生产的生物菌肥。

四、健康土壤的评价指标

健康的土壤需要具有良好的物理、化学以及生物学性状。物理性状方面，首先需要土层深厚。深厚的土层才能为植物生长提供良好的生长和发育提供充分的水分和营养。其次，土壤中固、液、气三相比例应适当，一般保持在固相40%，液相 20%～40%，气相 15%～37%。良好的固、液、气三相比例，是土壤质地疏松的保障。土壤的质地关系到土壤的温度、通气性、透水性以及保水、保肥性能等。质地太砂的土壤通透性好，而保水保肥性差，土壤升温快、土温高；反之质地黏重的土壤，虽然保水保肥性好，但是通气透水性差，土壤升温慢、土温低。因此质地疏松的壤质土，性能适中，最适合作物根系生长和正常发育。

化学性状方面，一是土壤 pH 值要适中，二是土壤有机质含量要高。不同作物对土壤酸碱度要求不同，多数作物适应的土壤 pH 值为 6. 5～7. 5。土壤有机质代表土壤供肥的潜力及稳定性，是评价土壤肥力的一个十分重要的综合指标。有机质含量用“%”表示，大于 2%为肥沃土壤，1%左右为中等肥力土壤，小于 0. 5%为瘠薄地。

健康土壤的生物指标包括土壤微生物生物量、微生物活性、群落结构，以及土壤生物多样性、土壤动物区系、土壤酶均可看作土壤的生物指标。利用生物指标，可以监测土壤污染程度，反映土地种植制度和土壤管理耕作水平。

五、病虫害防控要求

（一）病虫害防控原则

有机农业病虫草害防治必须从农业生态系统的角度出发，综合运用各种农业、物理、生物基药剂措施，创造不利于有害生物滋生，有利于各类天敌繁衍的环境条件，保持农业生态系统的平衡和生物多样性，以减少各类病虫草害造成的损失；应优先采用农业措施，通过选用抗性品种、物理及生物方法种子消毒、培育壮苗、加强栽培管理、清洁田园、轮作倒茬、间作套种，以及灯光、色彩诱杀害虫，机械捕捉害虫，机械或人工除草等一系列措施进行有害生物防控；并在有害生物防治关键时期选择生物源、矿物源药剂进行防治，迅速压低病虫害基数。

（二）有害生物防控技术

1. 植物检疫

植物检疫又称法规防治，是指国家或地方行政机构通过检疫法令对植物及其产品的调拨、运输及贸易进行管理和控制，以防止危险性病虫草害的传播和扩散，属于强制性和预防性措施，是植物病害防治的第一道措施和防线。植物检疫重点为被有害生物侵染种子、苗木和无性繁殖材料以及农产品包装材料和运输工具等，防止其随人类的生产和贸易活动而传播、扩散。

2. 农业措施

农业措施又称环境管理或栽培措施，从基地生态系统出发，结合农事操作，综合运用各种调控措施，创造有利于作物生长发育而不利于有害生物繁殖的环境条件，提高作物抗病性，压低有害生物基数。农业措施主要体现在如下环节。

（1）繁殖材料

通过建立无病虫种子繁育基地或脱毒快速繁育基地，生产和使用无病虫种子、无性繁殖材料或苗木，有效控制有害生物的种传途径。

（2）栽培制度

轮作和间作是有机栽培最基本的要求和特性之一，也是我国传统农业精华。早在北魏末年，贾思勰就在《齐民要术》中详细记载了不同作物的轮作要求。科学轮作可以切断食物链，恶化有害生物营养及繁殖条件，令其因缺乏寄主（营养）而消亡：与非葫芦科作物轮作 3 年以上，可以有效防治瓜类镰刀菌枯萎病和炭疽病；与非十字花科蔬菜轮作，显著控制小菜蛾的发生。实施水旱轮作，旱田病虫害在淹水条件下很快死亡，能够显著短轮作周期：茄子黄萎病和十字花科蔬菜菌核病常规轮作需要 5~6 年，而改种水稻后只需 1 年。此外，通过深根浅根、高秆矮秆等不同科作物的合理间作，一方面依据作物各自养分需求及生物学特征，充分充分利用土壤营养及空间，另一方面通过改善温湿度等小气候、机械阻隔、驱避等原理，对有些病虫害也有具有良好的防治效果。十字花科蔬菜周边种植薄荷，可以驱避菜粉蝶；芹菜与黄瓜间作，可以降低粉虱数量；棉田套种绿肥胡卢巴（释放香豆素），能降低棉蚜数量同时抑制其繁殖和为害；甘蓝行间间种莱薹、箭舌豌豆及豆科作物可显著降低跳甲为害。

（3）环境控制

控制种植基地周边环境，改善地块小环境，优化立地条件及温度、湿度、光照等条件均可有效防控有害生物发生、发展。梨园周围的刺槐会加重炭疽病的发生；梨园和苹果园周围有柏树，则会加重锈病的发生。合理调节温度、湿度、光照和气体组成等要素，创造不利于病原菌侵染和发病的生态条件，对于温室、塑料棚、日光温室、苗床等保护地病害防治和贮藏期病害防治有重要意义；合理修剪，保持通风透光对于果树刺吸类害虫的发生等具有一定的抑制效果。果园生草，改善园区小气候，丰富物种多样性，对于葡萄霜霉病、梨木虱、桃蚜等病虫害具有一定的防治效果。此外，通过生长季节拔除病株、收获后彻底清除田间病残体集中销毁等清园措施，保持田间卫生环境，可以有效地减少越冬或越夏有害生物数量。

（4）农事操作

科学的水肥管理是抑制病虫害发生的关键因素之一。水肥管理与病害消长关系密切，氮肥过多降低植物抗病性，灌水过多加重根病害的发生。另外，农事操作中应该尽量避免造成不必要的机械伤口，减少病原菌侵染途径。

3. 物理防治

物理防治主要利用温度（热力、冷冻）、干燥、波（电磁波、超声波），以及防虫网、育果袋等物理手段，抑制、钝化、杀死或隔离害虫，切断害虫迁入途径，从而达到保护植物，防治害虫的目的。常用措施如下。

（1）干热法与温汤浸种

干热法及温汤浸种主要用于种子和无性繁殖材料的消毒。主要注意的是不同种子和无性繁殖材料耐热性各异，处理不当会降低发芽率，应选择适宜温度及处理时间。豆科作物种子耐热性弱，不宜干热处理；含水量高的种子干热处理应预先干燥，否则会受害。

（2）地膜覆盖

一些特殊颜色和物理性质的塑料薄膜也可用于防治蔬菜病虫害。蚜虫忌避银灰色和白色膜，利用银灰反光膜或白色尼龙纱覆盖苗床可以减少传毒介体蚜虫的数量，减轻病毒病害。研究表明，用铝箔覆盖50%地面，避蚜效果可达96%，覆盖30%，避蚜效果达70%。夏季高温期铺设黑色地膜，吸收日光能量，使土壤升温，可杀死土壤中多种病原菌。

（3）防虫网

防虫网覆盖技术广泛应用于有机蔬菜生产。育苗期及生长季节覆盖防虫网，可以起到隔离害虫、遮阳防风等作用，在夏秋高温多雨，病虫害发生严重的季节，效果更加明显。研究表明，防虫网覆盖能有效地抑制害虫的侵入和为害，对斜纹夜蛾、甜菜夜蛾的相对防效达 80.9%～100%。防虫网覆盖还有明显防暴雨冲打作用，叶片完好率达 100%，有效减少了病害的发生。

此外，果树的防鸟/防雹网，也被广泛运用于各种灾害预防。

（4）果实套袋

果实套袋不仅可以改善果品外观，而且能够有效隔离食心虫等钻蛀类害虫的为害。有机农业禁止使用化学合成药剂，果实套袋无疑是生产中的最实用、最简单、最易操作的措施。

（5）诱杀防治

诱杀主要利用昆虫对于光、颜色、气味、信息素等不同趋性，通过制造“陷阱”进行诱杀，主要措施包括以下几种。

（6）灯光诱杀

利用昆虫的趋光性，配加专门的捕杀装置从而达到诱杀害虫的目的。黑光灯和高压汞灯对蝼蛄、玉米螟、棉铃虫、斜纹夜蛾、小地老虎、金龟子等多种农林害虫均有良好诱杀效果。

（7）色板（盘）诱杀

部分害虫对于黄、蓝等颜色具有较强烈的正趋性。黄板可以诱杀蚜虫、温室白粉虱、潜叶蝇、跳甲等害虫；蓝板对于蓟马和花蝇（根蛆）防治效果好；小菜蛾成虫对于绿色趋性最强。

（8）糖醋酒液

许多蛾类（地老虎、黏虫等）、叩甲、金龟子等害虫特别喜好发酵气味的物质。根据各种害虫趋性，配制不同比例的糖醋酒液陷阱，可以有效诱杀害虫。

（9）植物诱杀

某些害虫对不同植物具有嗜食性，可以利用此特性进行诱杀。

新鲜的杨树枝把含有一些特殊的化学物质，对棉铃虫具有较强的诱集能力，对于小地老虎、斜纹夜蛾、黏虫、豆天蛾等农林害虫也具有一定的诱集效果。

大戟科的蓖麻本身具有毒性，但又是金龟子等害虫的嗜食的植物，可以用作果园、花生田等隔离带与伴生植物。研究表明，花生田于起垄前每亩播种 300 株蓖麻，后期花生虫果率可降至 5%以下，金龟子虫口减退率达 87.5%。

菜粉蝶、小菜蛾喜食十字花科蔬菜。其次生化学物质——硫代葡萄糖苷及酶解产物异硫氰酸酯（芥子油）是菜粉蝶雌蝶产卵的信号化合物和幼虫取食的指示剂。十字花科蔬菜中，芥菜对小菜蛾的诱集性最强，其次是萝卜。温室白粉虱嗜食茄子、番茄、黄瓜、豆类、一串红、苘麻等植物。

利用上述特征，均可有针对性地对目标害虫进行诱集、消灭。

（10）性诱剂诱杀

人工合成目标害虫的雌性性激素，制成性诱剂诱芯，配合陷阱进行诱杀。性诱剂诱杀针对性强（每种性诱剂只诱杀一种目标害虫）、效果显著；大量悬挂时可以有效防治害虫，少量悬挂时可以作为监测手段，为生物（赤眼蜂释放）防治和药剂防治提供依据。

4. 生物防治

生物防治通常是指利用有益微生物及天敌（昆虫、螨等）防治植物病虫害，具有持效期长，安全、无污染等优点。

（1）有益微生物

植物病害防治方面，有益微生物可以产生抗菌物质，抑制或杀死病原菌；其自身也可以直接参与对病原菌的竞争作用（占位作用），即通过作物表面侵染位点的竞争，以及对营养物质、氧气和水分的竞争，抑制病原菌的繁殖和侵染。此外，有益微生物及其代谢产物还能够诱导植物的抗病性。

植物病害的生防措施主要包括两条途径，一是直接施用外源有益微生物，二是调节环境条件使已有的有益微生物群落增长并表现拮抗活性：施用拮抗性木霉制剂处理作物种子或苗床，能有效控制由腐霉菌、疫霉菌、核盘菌、立枯丝核菌和小菌核菌侵染引起的根腐病和茎腐病；菌根可以提高土壤有效磷含量，增强作物抗性，产生病原菌抑制物质，限制病原菌繁殖和侵染。

施用腐熟的厩肥、秸秆、绿肥、纤维素、木质素、几丁质等有机质，增加有机质含量，提高土壤碳氮比，改善土壤环境，能够增强有益微生物的竞争力，减轻多种根部病害。此外，亦可利用耕作和栽培措施调节土壤 pH 值，来提高有益微生物抑制病害的能力。例如，酸性土壤有利于木霉菌的孢子萌发，增强对立枯丝核菌的抑制作用；而碱性土壤有利于生防菌荧光假单胞菌抑制病害的作用。

植物虫害防治方面，苏云金杆菌、白僵菌、绿僵菌、淡紫拟青霉、核多角体病毒，以及微孢子虫和线虫等微生物对各类害虫均有一定的防控效果。

（2）天敌昆虫/螨类

天敌是一类重要的害虫抑制因子，在农业生态系中居于次级消费者的地位。一般来说，天敌可分为寄生性和捕食性两大类，主要包括昆虫纲的膜翅目、双翅目、鞘翅目、脉翅目及半翅目等一些类群和蛛型纲的蜘蛛及捕食螨等。自然界中常见种类有捕食性的七星瓢虫、异色瓢虫、龟纹瓢虫、大眼长蝽、东亚小花蝽、大草蛉、巴氏新小绥螨、智利小植绥螨等以及寄生性的广赤眼蜂、玉米螟赤眼蜂松毛虫赤眼蜂、菜粉蝶绒茧蜂、小菜蛾啮小蜂、丽蚜小蜂及蝶蛹金小蜂等。

天敌利用的核心是通过基地生态环境建设，最大限度地促进、提高自然界原住天敌对害虫的控制功能。只有在特殊条件下，才购买外部商品天敌进行释放。

天敌昆虫/螨类保护、招引、增殖与助迁

自然界中天敌种类丰富，应注意加以保护和利用。有机生产中，结合农事操作，在生产基地内对天敌进行招引，并使其增殖、扩繁种群数量，在目标害虫防治关键时期，及时将天敌助迁至害虫附近，可以有效避免自然界天敌的“滞后效应”，显著提高防治效果，大大降低天敌投入成本。

天敌保护措施主要是为其提供栖境、食物及越冬场所等生存条件。

通过隔离带建设、菜田间作以及果园地表设置等措施，丰富基地生物多样性，并为天敌提供适宜的环境条件、丰富的食物，以及种内、种间的化学信息联系。良好的生态环境，也有利于减轻喷洒药剂等农事活动对天敌产生的不良影响，这一点对于收获频繁，稳定性较差的菜田生态系统而言尤为重要。天敌在这样的生活条件下，自身的种群能够得到最大限度的增长和繁衍。

许多天敌昆虫需补充营养，特别是姬蜂等一些大型寄生性天敌，如缺少补充营养，就会影响卵巢发育，甚至失去寄生功能。小型寄生蜂，通过补充营养，也可以延长寿命，增加产卵量。同样，在缺少捕食对象时，许多捕食性天敌（杂食性蝽类、捕食螨等）需要花粉和花蜜等过渡性食物补充营养。因此，在隔离带或果园地表适当种一些蜜源植物，能够诱引天敌，提高其防治能力：伞形科的荷兰芹等蜜源植物能招引大量土蜂前来取食，并寄生于当地的蛴螬；豆科的紫花苜蓿、唇形科的夏至草可以为瓢虫和小花蝽提供蚜虫、花粉和花蜜。

大草蛉等一些种类的草蛉，成虫喜欢栖息于高大植物。因此，多样性的作物布局或成片种植乔木或灌木可以有效地招引草蛉。龟纹瓢虫、异色瓢虫和七星瓢虫等喜欢在背风、向阳的石缝中群集越冬，保护、招引越冬瓢虫的是扩大翌年种群的重要措施。可以在田间背风、向阳处人为保护或创造类似的环境，招引其越冬，也可以在野外寻找瓢虫的越冬地点，人工采集，在0℃左右，相对湿度70%~80%即可安全越冬。

自然界中，害虫通常是从局部的点、片开始发生，而后蔓延、扩散。需要在害虫发生初期，将分散的天敌集中，重点消灭害虫，这就需要利用具有吸引力的物质或手段，助迁天敌。

农田生态系统中，寄主、害虫、天敌间的化学信息流，对天敌的导向作用十分明显。某些害虫寄主的挥发物质能够刺激、引诱天敌寻找到害虫：草蛉可被棉株散发的丁子香烯吸引；花蝽能根据玉米穗丝散发的气味找到捕食对象——玉米螟和蚜虫。一些化学物质也可以帮助天敌寻找猎物，如色氨酸对草蛉具有引诱作用；龟纹瓢虫对豆蚜的水和乙醇提取物也有明显的趋向。可以通过喷洒具有引诱物质的人工合成蜜露（糖蜜、啤酒酵母液）来实现天敌的主动助迁。

利用植被多样性如果园种植紫花苜蓿和夏至草，招引、扩繁瓢虫和小花蝽等天敌，可以通过人工刈割的方式进行天敌助迁。当果树上无翅蚜虫开始发生时，将园中的紫花苜蓿和夏至草等植物刈割后，覆盖在树盘下，促使天敌上树控制害虫。

天敌昆虫/螨类的释放技术

当自然界天敌数量不足或目标害虫发生严重时，需要引入外部商品化天敌产品进行控制。值得注意的是，商品化天敌释放也应遵循提早释放，争取尽快定殖、扩繁种群的原则，以提高生防效果，降低投入成本。

目前国内能够批量商品化生产的天敌产品主要包括异色瓢虫、东亚小花蝽、烟盲蝽、捕食螨以及赤眼蜂等。

①异色瓢虫：异色瓢虫属鞘翅目，瓢甲科，成虫、幼虫捕食蚜虫，防治效果极佳。释放虫态包括成虫、幼虫和卵，一般以悬挂卵卡为主，多用于保护地蔬菜蚜虫防治。异色瓢虫成虫寿命较长，达数月到1~2年（越冬）不等；食量大，大龄幼虫和成虫平均每天捕食100头蚜虫，防效与化学药剂相当，是非常好生物防治产品。利用黄板监测蚜虫发生情况，当平均每板诱杀到2头有翅蚜时或定植后调查到无翅蚜时即开始进行释放，按照50~60张/667m^2数量于田间悬挂卵卡。注意将卵卡固定在背光的作物叶柄处，避免接触地面。当蚜虫数量较多时，可以进行治疗性释放，以释放幼虫或成虫为主，在“中心株”上撒施，2~4头/m^2。由于完全变态昆虫会出现休眠的蛹期，因此，建议在作物生长季节内共释放2~3次。

②东亚小花蝽：东亚小花蝽属半翅目，花蝽科，成、若虫捕食蓟马、蚜虫、叶螨等，尤其对于蓟马防治效果最佳。东亚小花蝽等半翅目天敌多为杂食性，即既可以取食害虫，在早期害虫数量不足时，也可以通过作物的花粉、花蜜补充营养。因此，此类天敌可以适当提早释放，使其在尽早在田间定殖、扩繁，以便最大限度提高防治效果，降低投入成本。东亚小花蝽释放虫态一般为3龄左右的大若虫，对于蓟马防治而言，在作物开花早期即进行释放，于田间进行均匀撒施。每亩设置50个撒施点，按照800~1 000头/667m^2数量，于上午10时或下午3时进行，避免高温及露水未干时段。

③波氏烟盲蝽：波氏烟盲蝽属半翅目，盲蝽科，成虫与若虫捕食粉虱、蚜虫、叶螨及鳞翅目低龄幼虫，以防治粉虱效果最为显著。烟盲蝽亦属杂食性蝽类，与东亚小花蝽类似，可以提前到育苗阶段苗床释放，作物定植后，可迅速在田间定殖，大大降低释放数量，显著减少释放成本。波氏烟盲蝽释放虫态一般为 3 龄大若虫，释放方式同东亚小花蝽。

④智利小植绥螨：智利小植绥螨属蜱螨目，植绥螨科，幼螨、若螨及成螨捕食叶螨，效果显著，由于价格较高，一般用于草莓等设施高档果蔬。叶螨发生早期，当密度达到 1~2 头/叶时，可以按照益害比 1∶20 比例进行淹没式释放，2 周后重复释放一次。叶螨严重为害时（密度达到 1 000 头/叶），可以按照 60 头/株密度进行释放。一周内即可消灭叶螨。目前智利小植绥螨普遍采用介质+瓶装，释放前轻轻摇动瓶体。剩余产品 8~12℃下，可保持 5 天左右。

⑤巴氏新小绥螨：巴氏新小绥螨属蜱螨目，植绥螨科，幼螨、若螨及成螨捕食叶螨及蓟马，以叶螨防治效果最佳。巴氏新小绥螨价格较低，普遍用于蔬菜和果树的叶螨防治。叶螨发生早期，当密度达到 1~2 头/叶时，蔬菜可按照 15 000~20 000 头/667m^2 密度进行释放；果树可按照 200~600 头/株进行释放。巴氏新小绥螨一般采用介质+防水纸袋包装，可采用挂袋法或撒施法进行。

⑥松毛虫赤眼蜂：松毛虫赤眼蜂属膜翅目，赤眼蜂科，为卵寄生蜂，对鳞翅目害虫防治效果极显著。赤眼蜂为一类体型微小的卵寄生蜂，飞翔及抗逆能力较低。因此释放时首先要保证“蜂卵相遇”，即通过性诱剂预测目标害虫产卵高峰期，适时释放。其次，根据不同作物及虫害发生情况，科学判定释放数量，均匀设置释放点，主要每释放批次按照 4∶4∶2 的比例分配，每 5 天释放一次，注意悬挂蜂卡要注意避免蜂卡遭受阳光暴晒或雨淋。最后，赤眼蜂释放面积不宜过小，注意与药剂措施相互协调。

5. 药剂防治

（1）植物源药剂

我国植物资源丰富，在近 3 万种高等植物中，已查明具有杀虫活性物质的约有近千种，具有极为优越的植物源药剂开发条件。

植物源药剂有效成分为天然物质，施用后易分解为无毒物质，对环境无污染；有效成分多元化，较难产生抗药性；对天敌等相对的安全。

近年来，我国植物源药剂研制发展较快，重点包括豆科（鱼藤属、槐属）、菊科、楝科、伞形科（蛇床属）、百合科（藜芦属）、毛茛科（黄连属）、瑞香科（狼毒属）、茄科、卫矛科、杜鹃花科等植物。对蚜虫防治效果较好的植物有除虫菊、蓖麻叶、木通、蛇床子、细辛、百部、藜芦、核桃皮、茶饼、烟叶、苦参、鱼藤、鸡血藤等。对红蜘蛛防治效果较好的植物有细辛、蛇床子、木通、百部、闹羊花、藜芦、茶饼、无患子、鱼藤和除虫菊等。对鳞翅类害虫防治效果较好的有苦参、鱼藤、苦楝、烟草等。鱼藤、蓖麻等植物对跳甲、二十八星瓢虫等鞘翅目害虫防治效果较好。此外，樟、桉、楝、肉桂、野薄荷、土荆芥、花椒、大蒜、薰衣草、柴胡等植物，对害虫具有驱赶作用；有川楝、花椒和雷公藤等植物对昆虫有强烈的拒食作用。

目前，已经商品化的植物源药剂的主要成分包括蛇床子素、小檗碱、天然除虫菊素、苦参碱、鱼藤酮、藜芦碱、茴蒿素和楝素等。其中蛇床子素、小檗碱等具有杀菌效果，其余具有杀虫效果。

（2）微生物源药剂

自然界中的细菌、真菌、病毒、原生动物等微生物广泛分布于土壤、水和空气中，种类极为丰富。对有益微生物资源加以研发和利用，制成药剂，可以针对特定靶标生物起作用，安全性高。

微生物杀菌剂

枯草芽孢杆菌是一种嗜温性的好氧产芽孢杆状细菌，广泛应用于根、茎、叶部病害防治。枯草芽孢杆菌通竞争、溶菌及生物拮抗作用等抑制病原菌。枯草芽孢杆菌施入土壤后，会迅速定殖和扩繁，通过生物间争夺氧气、营养物质及竞争排他性，在植株根部形成局部生物优势种群，阻止镰刀菌等其他病原菌侵入；同时争夺周围致病菌的营养，抑制其生长。枯草芽孢杆菌能够吸附于镰刀菌等病原菌菌丝，随着菌丝生长而生长，从而消耗病原菌营养，使菌丝体发生断裂、解体、细胞质消解，失去进一步侵染能力。此外，枯草芽孢杆菌在生长过程中能够产生细菌素、有机酸、天然脂肽类化合物等，可以抑制病原菌生长或溶解其细胞壁、使细胞穿孔、畸形等，最终杀死病原菌。枯草芽孢杆菌对于果蔬的灰霉病、白粉病，水稻稻瘟病，以及马铃薯晚疫病等具有一定的防治效果。

木霉菌是广泛存在于自然界中的一种真菌。哈茨木霉作为一种生防菌对于腐霉菌、立枯丝核菌、镰刀菌、黑根霉、柱孢霉、核盘菌等病原菌引起的病害具有较好的预防及治疗效果。哈茨木霉菌可以在作物根围、叶围迅速生长，竞争作物体表位点，阻止病原真菌接触作物，防止侵染；在植物根系定殖并且产生刺激植物生长和诱导植物防御反应的化合物，改善根系的微环境，增强植物的长势和抗病能力；亦可分泌抗生素，抑制病原菌的生长定植，减轻病原菌的为害。

微生物杀虫剂

苏云金杆菌（Bt）等细菌杀虫剂具有一定的广谱性，对鳞翅目、鞘翅目、直翅目、双翅目和膜翅目害虫均有防治作用，特别是鳞翅目害虫幼虫，如菜青虫、小菜蛾、烟青虫、棉铃虫等效果显著。细菌性微生物源药剂主要通过害虫取食进入消化道，与胃毒剂用法相似，有喷雾、喷粉、灌心、颗粒剂、毒饵等方式。

白僵菌、绿僵菌等真菌杀虫制剂对人畜无毒，对作物安全，杀虫谱较广，主要用于防治松毛虫、玉米螟、高粱条螟、黏虫、大豆食心虫、稻苞虫、马铃薯甲虫、茶树毒蛾、松针毒蛾、甘薯象鼻虫等。

此外，病毒制剂对于棉铃虫、松毛虫、美国白蛾、舞毒蛾等，线虫、微孢子虫等原生动物对于鞘翅目、鳞翅目、膜翅目、双翅目、同翅目、缨翅目和直翅目害虫，均有很好的防治效果。

（3）矿物源药剂

①铜制剂：铜制剂对于病害尤其是真菌性病害具有良好的防治效果，如硫酸铜、氢氧化铜、氯氧化铜、辛酸铜等均可以在有机生产中使用。波尔多液作为传统矿物源药剂在防治葡萄霜霉病方面已经有跨越 3 个世纪的贡献。值得注意的是，为了降低重金属铜对于土壤的影响，有机生产体系规定每年每公顷铜的最大使用量不能超过 6kg。因此可以选择一些氨基酸螯合铜等制剂，有效降低铜离子的施用量。

②硫制剂：无机硫制剂对于白粉病以及螨类等具有较好的防治效果。硫黄可湿性粉剂，是用硫黄粉加湿润剂及填充剂（高岭土、陶土）及展着剂混合研磨而成，加水后可配制成乳白色的悬浮液，呈中性至弱碱性反应。其黏着性、持久性及防病效果都优于硫黄粉，使用方便，很少产生药害，可防治多种果树的白粉病、害螨和介壳虫幼虫和若虫。硫悬浮剂是由有效成分为 50% 的硫黄粉与湿润剂、分散剂、增黏剂、稳定剂、防冻剂、防腐剂和消泡剂混合研磨而成，外观为白色或灰白色黏稠流动性浓悬浊液，能与任何比例的水混合，可以防治白粉病、叶螨、锈螨、瘿螨等病虫害。石硫合剂化学名称为多硫化钙，是用生石灰和硫黄粉为原料加水熬制而成的红褐色透明液体，有臭鸡蛋味，呈强碱性。石硫合剂属无机杀菌、杀螨、杀虫剂，能防治螨、介壳虫，以及炭疽病、白粉病、锈病、黑斑病等多种病虫害。

③矿物油制剂：利用乳化轻质矿物油或软钾皂液的强延展性和附着性，可以堵塞害虫气门，产生物理窒息效果，消灭害虫，减少其产卵和取食。此外，矿物油乳剂也能够在叶面上形成油膜，防止害虫的感触器与寄主植物直接接触，无法辨别是否适食与产卵，对于蚜虫、介壳虫、叶螨、叶蝉、木虱等害虫防治效果较好。

第二章　有机大田作物生产实用技术

第一节　有机大田作物基地建设及品种选择

一、环境要求

有机大田环境要求应满足 GB/T 19630《有机产品》以及相关国家、行业法规与标准的要求，结合南阳市具体情况，限值如下。

（一）土壤质量标准

有机大田土壤环境质量具体限值见表 2-1。

表 2-1　有机大田土壤环境质量要求　（单位：mg/kg）

项　目	限　值		
	pH 值<6.5	pH 值 6.5~7.5	pH 值>7.5
镉≤	0.3	0.3	0.6
汞≤	0.3	0.5	1.0
砷（旱地）≤	40	30	25
砷（水田）≤	30	25	20
铜≤	150	200	200
铅≤	250	300	350
铬（旱地）≤	150	200	250
铬（水田）≤	250	300	350
锌≤	200	250	300
镍≤	40	50	60
六六六≤	0.5	0.5	0.5
滴滴涕≤	0.5	0.5	0.5

（二）灌溉水质量标准

有机大田灌溉用水水质应满足表 2-2 规定。

（三）空气质量标准

有机大田环境空气质量应达到表 2-3 标准。

表 2-2　有机大田灌溉水质量要求

项　目	限　值
5 日生化需氧量≤	100mg/L①，60mg/L②
化学需氧量≤	200mg/L①，150mg/L②
悬浮物≤	100mg/L①，80mg/L②
阴离子表面活性剂≤	8.0mg/L①，5.0mg/L②
水温≤	35℃
pH 值≤	5.5~8.5
全盐量≤	1 000mg/L
氯化物≤	350mg/L
硫化物≤	1.0mg/L
总汞≤	1.0×10^{-3}mg/L
镉≤	1.0×10^{-2}mg/L
总砷≤	0.1mg/L①，0.05mg/L②
铬（六价）≤	0.1mg/L
铅≤	0.2mg/L
铜≤	1.0mg/L①，0.5mg/L②
锌≤	2.0mg/L
硒≤	1.0×10^{-2}mg/L
氟化物≤	2.0mg/L
氰化物≤	0.5mg/L
石油类≤	10.0mg/L①，5.0mg/L②
挥发酚≤	1.0mg/L
苯≤	2.5mg/L
三氯乙醛≤	0.5mg/L①，1.0mg/L②
丙烯醛≤	0.5mg/L
硼≤	1.0mg/L（对硼敏感作物，如马铃薯、豆类等） 2.0mg/L（对硼耐受性较强的作物，如小麦、玉米等） 3.0mg/L（对硼耐受性强的作物，如水稻等）
粪大肠菌群数≤	4 000 个/L
蛔虫卵数≤	2 个/L

注：①旱田作物；②水田作物。

表 2-3　有机大田大气污染物浓度限值

污染物	限　值		
	年平均浓度	日平均浓度	一小时平均浓度
二氧化硫≤	60μg/m³	150μg/m³	500μg/m³
二氧化氮≤	40μg/m³	80μg/m³	200μg/m³
一氧化碳≤	—	4.0mg/m³	10mg/m³

（续表）

污染物	限　值		
	年平均浓度	日平均浓度	一小时平均浓度
氮氧化物≤	$50\mu g/m^3$	$100\mu g/m^3$	$250\mu g/m^3$
臭氧≤	—	$160\mu g/m^3$（最大8h平均）	$200\mu g/m^3$
总悬浮颗粒物≤	$200\mu g/m^3$	$300\mu g/m^3$	—
≤10μm颗粒物≤	$70\mu g/m^3$	$150\mu g/m^3$	—
≤2.5μm颗粒物≤	$35\mu g/m^3$	$75\mu g/m^3$	—
铅≤	$0.5\mu g/m^3$	$1.0\mu g/m^3$（季平均）	—
苯并［a］芘≤	$1.0\times10^{-3}\mu g/m^3$	$2.5\times10^{-3}\mu g/m^3$	—

注：“年平均浓度”为任何年的日平均浓度值不超过的限值；“日平均浓度”为任何一日的平均浓度不许超过的限值；“一小时平均浓度”为任何一小时测定不许超过的浓度限值。

二、基地建设

有机大田作物生产园区应远离城区、工矿区、交通主干线、工业污染源、生活垃圾场等。因地制宜选择排灌方便，壤土状况良好地块建园，有机甘薯可利用浅山坡地种植，有机水稻田应处于水源地上游。

新建园地应选取相对独立地块，以便隔离带的建设，确保区边界清晰。隔离带可利用山坡、沟谷等自然地貌，亦可按照方式种植万寿菊、紫苏等驱避植物或高秆作物，或者在生产地块边缘划分一定面积的作物作为隔离带。

三、品种和种子选择

南阳地区主要大田作物包括小麦、玉米、甘薯以及谷子等杂粮和少量水稻；选择符合地区土壤和气候特点，适宜南阳地区生产、抗性好的优质、特色品种进行栽培。

小麦、玉米等种子须选择无包衣种类，甘薯应使用脱毒种苗，注意规避转基因风险。无有机种子来源的基地，应制订相应的有机种子获得计划。

第二节　有机大田作物土壤管理技术

一、健康土壤标准及作物营养需求

有机农业要求通过施用有机肥、与豆科作物轮作以及秸秆还田的措施持续维持土壤肥力。

有机大田作物土壤管理一方面须根据目标作物产量确定补充营养的总量

(详见第一章表 1-1)，另一方面还需考虑到不同作物各生育期对氮、钾等营养元素需求的差异性。

以小麦为例，其出苗、分蘖到翌春起身拔节吸收的氮素约占全生育期总量的 40%，磷素、钾素各占总量的 20%；从拔节到扬花期约吸收氮素总量的 48%，磷素总量的 67%，钾素总量的 65%。因此有机冬小麦生产应施足底肥，保证苗期应有适量的氮素营养和磷钾肥，促进麦苗早生，冬前具有一定数量的健康分蘖，可为翌春成穗、增粒、增重打下基础。

钾是农作物必需的三大营养元素之一，土壤速效钾含量低于 150mg/kg 时，会对产量造成显著影响。

大田作物营养状况通常可以通过症状进行判断：玉米苗期缺钾，生长缓慢，节间变短；下部叶片从叶尖开始沿叶片边缘变黄，后期易倒伏，果穗小，顶部籽粒发育不良。缺钾小麦植株矮小，干旱季节表现为枯萎，茎秆短而细弱，分蘖不规则，籽粒特别是穗尖部分发育差，抗性弱。症状判断具有滞后性，在有机大田作物生产中，可利用经典的作物营养诊断施肥综合系统(DRIS)，作为施肥的依据。

作物营养诊断施肥综合系统技术最初由南非 Natal 大学学者 Beaufils 提出，并于 1973 年正式定名为 DRIS (Diagnosis and Recommendation Integrated System)，以作物体内元素间的含量比值作为营养诊断特征，强调元素间相互平衡的重要性，通过大量调查作物产量与体内元素含量的关系，判断作物对营养元素的需求次序，其结果不受生育时期、品种类型及取样部位限制，准确性极高。

此外，轮作与间套种等农业措施也是持续维持有机大田作物土壤肥力的有效手段。

轮作即是传统农业的精华，又是有机农业生产体系的要求。研究表明，粮豆轮作有利于氮、磷营养向籽粒转移，促进小麦吸收氮、钾、铁、锰等矿质元素；轮作后土壤碱解氮可提高 10%~20%；土壤磷元素累积和有效化作用明显，有效磷含量较小麦连作体系增加 40%以上。粮（豆科）草短周期轮作可显著增加土壤有机质、氮素和速效钾的含量。有机大田作物生产应遵守有机生产标准中轮作要求，改变原有“冬小麦+夏玉米”的种植模式。有机生产单位可以结合市场需求，参考模式“小麦→苜蓿→甘薯→小麦”“谷子→豌豆→小麦”等模式进行轮作。

间套作是指在同一生长期内，同一地块中分行/带相间种植两种或以上作物的生产方式，不同作物同时或先后种植，有共生的时期。间套作情况下，不同作物通过根系向根际环境中释放如糖类、氨基酸类、有机酸类、甾醇类、蛋白质、生长因子等有机物质的根系分泌物（Root Exudate），具有提高作物营养吸收、种间识别与信号传导等功能。蚕豆/玉米间作，蚕豆根分泌并扩散到玉米根际的有机酸能够活化磷，改善玉米的磷营养；玉米/花生间作，玉米根释放的麦根酸在改善花生铁养分中发挥重要作用。科学间套作能够充分利用光、热、水和矿质营养资源，显著改善作物矿质营养，提高大田作物产量。豆科/禾本科作物间作可以显著改善作物的碳氮营养和磷营养。花生/玉米、甘薯/花生、豆类/谷子等间作都可改善钾营养；鹰嘴豆/小麦间作提高种子中铁和锌的含量。

二、土壤培肥种类及方法

有机大田作物土壤培肥应根据作物目标产量以及土壤营养状况因地制宜选择适当方式科学进行。除了常见的畜禽厩肥、绿肥及矿质肥之外，还有生物碳肥、腐殖酸等肥料亦可以利用。

碳是植物必需的基础元素，生命之本，也是土壤有益微生物的“食物”和土壤有机质的主要来源。由于常年氮素的不合理使用，目前我国很多农田土壤处于缺碳的亚健康状态，制约了作物的碳氮平衡和营养平衡。仅靠物吸收大气中 CO_2 极易形成碳素缺乏，需要进行人工补施。

目前生物炭肥主要是由生物质在完全或部分缺氧条件下经热裂解、炭化产生的一类高度芳香化、难溶性的固态物质。研究表明，每公顷施用5~10t生物炭肥可以有效提高土壤持水量、阳离子交换量（CEC）、土壤微生物量及活性，促进作物生长和增产。

天然的腐殖酸是由植物残体经过分解形成，广泛存在于河泥和埋藏较浅的风化煤、草炭、褐煤之中，富含碳、氢、氧、氮等元素。研究表明施用腐殖酸能够提高不同生长期甘薯对矿质元素的吸收速率，尤以生长后期增幅最大。此外，施用腐殖酸可以提高收获期土壤中有效磷、钙、镁和钾元素的含量，改善甘薯的矿质营养条件。

第三节　有机大田作物主要病虫害综合防治技术

一、防治原则

有机大田作物有害生物防治应遵循IPM（有害生物综合治理）的植保方针。鉴于其经济价值与（设施）蔬菜、水果及茶叶有一定的差异性，且生长周期短，生态系统稳定性较差，因此应以农业措施为基础，发挥轮作、间套作优势；以黑光灯等物理措施为辅助；大力维护和发展生态系统多样性，重点招引、增殖和助迁本地瓢虫、蚜茧蜂等自然界天敌，释放赤眼蜂等低成本商品天敌；最大限度减少植物源、矿物源药剂的使用。

二、有害生物防治技术体系

（一）农业措施

1. 轮作/间套作

轮作和间作是控制害虫的最实用、最有效的方法，是我国传统农业的精华，也是有机农业病虫害调控的根本措施。生产单位可以根据市场需求，参考“小麦→苜蓿→甘薯→小麦”“谷子→豌豆→小麦”等模式进行轮作或采取豆科/禾本、花生/玉米、甘薯/花生、豆类/谷子、鹰嘴豆/小麦等间作生产方式。

2. 其他措施

收获后科学灭茬、冬耕冬灌，销毁害虫越冬场所，消灭越冬害虫，压低翌春虫源。

（二）物理措施

光灯诱杀：利用鳞翅目（玉米螟等）、鞘翅目（金龟子等）成虫的趋光性进行黑光灯或，高压汞等诱杀：将波长为320~580nm的200W或450W高压汞灯置于开阔地，对玉米螟金龟子、蝼蛄、小地老虎等害虫有强烈的诱集作用。既可诱杀雄蛾，也可诱杀雌蛾。

（三）生物措施

赤眼蜂：利用性诱剂监测目标害虫种群动态，成虫羽化高峰期，按照10 000头/667m^2密度释放赤眼蜂。喇叭口期可将蜂卡直接放于喇叭口内；穗期释放，将蜂卡置于玉米植株中部叶片的叶腋处；蜂卡间距8~10m；对玉米螟等鳞翅类害虫防治效果较好。

（四）药剂措施

蚜虫等害虫发生严重地块，初期可喷施600~800倍天然除虫菌素，每5d一次，连续2~3次。真菌性病害发病初期可喷施500倍氨基酸螯合铜制剂进行防治。

三、主要病害及防治技术

（一）小麦病害

1. 小麦纹枯病

小麦纹枯病又称小麦尖眼点病，无性世代（有性世代自然条件下不常见）为半知菌亚门丝核菌属真 *Rhizoctonia cerealis* Vander Hoeven，各生育阶段均可发病，为小麦常发病害，有逐年上升趋势。

（1）症　状

该病全生育期均可为害，造成烂芽、死苗、倒伏、枯孕穗等多种症状，主要为害叶鞘及茎秆，小麦拔节后症状明显。初期近地表叶鞘现黄褐色椭圆形或梭形病斑，后逐渐扩大，颜色变深，向内侧发展为害茎部，严重时基部一节、二节变黑甚至腐烂，导致早期死亡。生长中后期，叶鞘病斑云纹状，无规则，严重时叶鞘及叶片早枯。湿度大时病斑表面产生白色霉状物，其上散生黄色霉状小团。

（2）发病规律

病原菌以菌丝体或菌核在土壤及病残体上越冬、越夏，为典型土传病害。播种后即开始侵染，三叶期前后始见病斑，翌春小麦返青后病情缓慢发展，至拔节及孕穗期最为严重，抽穗后随茎秆组织成熟以及气温过高等因素，菌丝生长受阻，病害发展减缓，出现枯孕穗症状。发病适温20℃左右；冬季偏暖，早春气温回升快，光照不足的年份发病重；偏施氮肥、播种早、播种密度大的田块发病重；高沙土地块发病重于黏土地地块。

（3）防治方法

①选择抗性品种。

②避免早播，适当降低播种量；雨后及时排水，控制田间湿度；合理施用腐熟有机肥。

③发病初期用氨基酸螯合铜制剂500倍，隔7~10d喷药一次，共防治2~3次。

2. 小麦锈病

小麦锈病俗称“黄疸病”，包括条锈病、叶锈病和秆锈病3种，病原菌分别为担子菌亚门柄锈菌属真菌 *Puccinia striiformis* f. sp. *tritici*，*Puccinia. recondita* 和 *Puccinia. graminis*；属长距离迁徙且具有地域性发病特点的世界性病害，是河南省小麦的重要病害，曾多次大流行。秋苗发病引起叶片黄枯，分蘖减少，根系发育受阻，导致抗寒力减弱，冬季易冻死，从而影响产量。

（1）症　状

该病苗期至成株期均可发病，主要危害叶片，叶鞘、茎秆及穗部亦可受害。病叶产生大量黄色狭长至长椭圆形粉疱（夏孢子堆），成株期排列成条状或斑状；后期在同一部位形成埋于表皮下的狭长形条状黑色粉疱（冬孢子堆）。南阳地区发病以条锈病为主，亦有少量叶锈病，三者夏孢子堆差异在于：条锈病个体最小，颜色鲜黄，病株上成行的虚线状排列；叶锈病个体居中，颜色橘红，散乱排列；秆锈病堆个体最大，颜色黄褐色，排列散乱无规律。

(2) 发病规律

病原菌随发病麦苗越冬，翌春产生夏孢子，扩散造成再次侵染；越夏区产生的夏孢子随气流扩散到广大麦区，成为秋苗的初浸染源。菌丝生长和夏孢子形成适温为 10~15℃，侵染适温 9~12℃。越冬菌量和春季降雨为流行两大重要条件：秋苗发病早，冬季温暖，早春气温偏高且有降水，发病重；品种间抗病性差异明显，大面积种植同一抗源品种时，因病原菌小种改变，抗病性易丧失。

(3) 防治方法

①选用抗病品种，保持抗源布局合理及品种定期轮换，避免品种单一化。

②适当晚播，减轻秋苗期发病；合理施用腐熟有机肥，补充磷钾肥，提高植株抗性；有条件地区可进行小麦、蚕豆间作。

③易涝地块雨后注意开沟排水，降低土壤湿度；后期发病严重时适当灌水，减少产量损失。

3. 小麦白粉病

小麦白粉病病原菌为子囊菌亚门白粉菌目真菌 *Blumeria graminis* f. sp. *tritici*，属于禾本科布氏白粉菌小麦专化型；受害植株穗粒数减少，千粒重下降，造成减产以致绝收，为世界性小麦病害。

(1) 症　状

该病主要危害叶片及叶鞘，严重时颖壳、芒等地上部各器官亦可发病。病叶初现 1~2mm 白色霉点，后逐渐扩大为近圆形白色霉斑。霉斑表面具一层白粉（菌丝体和分生孢子），可随振动飞散。后期霉层变为灰白色至浅褐色，其上散生小黑粒点（闭囊壳）。底部叶片先发病，后向中上部叶片扩展，早期发病中心明显。

(2) 发病规律

病原菌以分生孢子或菌丝体于寄主内越冬，翌春产生分生孢子或子囊孢子借气流传播，以分生孢子在小麦上侵染繁殖或以潜育状态越夏，干燥和低温条件下亦可以闭囊壳在病残体上越夏。发病适温 15~20℃，相对湿度大于 70%易于流行；偏施氮肥，种植密度较大，管理不当，植株生长衰弱田块发病严重。

(3) 防治方法

①选择抗性品种。

②科学管理，合理施肥，控制栽植密度。

③发病初期 1%蛇床子素微乳剂 500~800 倍液，间隔 5d 施药一次，连续喷洒 2~3 次。

（二）玉米病害

1. 玉米大斑病

玉米大斑病病原菌为半知菌亚门毛球腔菌属真菌 *Exserohilumturcicum* （Pass.）LeonardetSuggs，严重时叶片枯死，产量降低。

（1）症　状

该病主要为害叶片，严重时叶鞘、苞叶亦发病，田间自下部叶片向上发展。病斑初呈水渍状青灰色小点，后沿叶脉向两边发展，形成长 5~10cm，宽约 1cm 的黄褐色长梭形大斑，严重时病斑愈合，叶片枯死。

（2）发病规律

病原菌以菌丝体和分生孢子于田间病残体内越冬，翌年产生分生孢子，借风力传播；发病适温 20~26℃，多雨多雾或连阴雨天气，发病重；夏玉米一般较春玉米发病重。

（3）防治方法

①选用抗病品种。

②科学轮作；彻底清园，倒茬深翻；适期早播，避开发病高峰；发病初期，打掉下部病叶；加强肥水管理，提高抗性。

③发病初期用氨基酸螯合铜制剂 500 倍，隔 7~10d 喷药一次，共防治 2~3 次。

2. 玉米小斑病

玉米小斑病俗称“玉米斑点病”，病原菌为半知菌亚门丝孢目真菌 *Bipolaris maydis*，为玉米主要叶部病害，严重时亦可造成果穗腐烂或茎秆折断，导致大幅度减产以致绝收。

（1）症　状

该病主要为害叶片，田间常与大斑病同时出现或混合侵染，自下部叶片逐渐向上发展，苗期至生长后期均可发病，抽穗时相对较重。病部初呈半透明水渍状小斑，后扩大为纺锤形或椭圆形黄褐色病斑，边缘具赤褐色晕纹。潮湿条件下病斑生暗黑色霉状物（分生孢子盘）。

（2）发病规律

病原菌主要以菌丝体或分生孢子在病株残体上越冬，翌年分生孢子借风雨传播，种子亦可带菌；菌丝发育适温为 28~30℃，孢子萌发适温为 26~32℃；月平均气温 25℃以上，降水多，易流行；连茬种植，土壤肥力差，播种过迟等易于发病。

（3）防治方法

参考玉米大斑病防治方法。

3. 玉米黑粉病

玉米黑粉病俗称“乌霉”，病原菌为担子菌亚门真菌 *Ustilago maydis* (DC.) Corda，为玉米常见病害，造成叶、穗、腋芽等幼嫩组织肿大成瘤，导致减产。

(1) 症　状

该病可为害玉米气生根、茎、叶、叶鞘、雌（雄）穗等幼嫩部位，生育期内均可侵染。病组织肿大成瘤，病瘤表面初为白色、淡红色，后为灰白色至褐色的薄膜，外膜破裂，散出黑褐色粉状物（厚垣孢子）；通常叶片、叶鞘成瘤较小，不产生黑粉；茎节和穗部位病瘤较大。一株玉米可产生多个病瘤。雄穗受害部位多长出囊状或角状小瘤，雌穗受害部位多在上半部，仅个别小花受侵产生病瘤，其他仍能结实；全穗受害可成为一个大病瘤。

(2) 发病规律

病原菌以厚垣孢子于土壤中或病株残体上越冬，翌春产生担孢子，借气流传播；种子亦能带菌远距离传播。孢子萌发适温 26~30℃；植株密度过大，偏施氮肥，（机械、虫害）组织伤口多，利于发病；降水多、湿度大的田块发病较重。

(3) 防治方法

①选择当地抗病杂交种。

②收获后及时清园，消除田间病残体；秸秆移出田块，作堆肥时注意腐熟，以减少越冬菌源。

③实行轮作倒茬，及时防治玉米螟等害虫，增强植株抗病能力。

④在病瘤成熟破裂前及时摘除销毁，减少田间传播为害。

4. 玉米丝黑穗病

玉米丝黑穗病病原菌为担子菌亚门黑粉菌目真菌 *Sphacelotheca reiliana* (Kühn) Clint.，玉米常见病害之一，受害花器畸形，严重时导致减产。

(1) 症　状

该病为系统性病害，苗期自芽鞘侵染，穗期表现出黑穗和畸形的典型症状。①黑穗。雄花基部膨大，内包黑粉，不能形成雄穗；雌穗较短，苞叶内为黑粉和散乱的丝状物（寄主维管束组织）。②畸形。雄穗不形成雄蕊，颖片呈多叶状；穗基部向上丛生，颖片呈管状，似刺猬状。受害严重时，苗期可表现出分蘖丛生，植株矮化的症状。

(2) 发病规律

病原菌以厚垣孢子在土壤、粪肥或种子上越冬，翌春萌发产生菌丝，自芽鞘侵入寄主，花器上产生大量厚垣孢子；年侵染 1 次，无再侵染。厚垣孢子可在土壤中可存活 3 年。土壤温度低、干旱，玉米出苗迟缓，发病较重。

（3）防治方法

①选用抗病自交系抗性品种。

②及时拔除病株，集中田外销毁。

③重病区实行 3 年以上轮作；秸秆肥要充分腐熟。

④严重地区，苗期喷施 500 倍氨基酸铜制剂。

（三）谷子病害

谷子白发病

谷子白发病俗称“灰背”“看谷老”等，病原菌均为鞭毛菌亚门指梗霉属 *Sclerospora graminicola*（Sacc.）Schröt 真菌，严重时病株不能抽穗，为谷子重要病害，具致病性分化现象，存在多个生理小种。

（1）症　状

该病为系统侵染病害，自谷子萌芽至抽穗后各生育期均可发病，田间主要表现为烂芽、灰背、白尖、枪杆、看谷老等多种症状。

①烂芽。幼芽出土前染病，扭曲变褐腐烂，不能出土。

②灰背。幼苗感病，叶片肥厚卷曲，正面产生与叶脉平行的黄白色条纹，潮湿时叶背密生灰白色霉层。

③白尖、枪杆、白发。病株孕穗期顶部 2~3 片叶子不能展开，成卷筒状直立，前端变黄白色，俗称“白尖”；1 周后，白尖变褐枯干直立于田间，形似“枪杆”；后期叶片解体纵裂，发散大量黄褐色粉状物（菌卵孢子），残留黄白色丝状物，卷曲如头发，称“白发”。

④看谷老。抽穗病株，穗部畸形短缩肥肿，颖片伸长变形为小叶状或卷曲成角状、尖针状，形似刺猬，即“看谷老”。

（2）发病规律

病原菌以卵孢子于土壤、粪肥中或种子表面越冬，翌年产生流动孢子囊源借气流或雨水传播。白发病为土传病害，主要随带菌土壤、农家肥、种子等传播。卵孢子在土壤中可存活 3 年以上；以混有病株的谷草饲喂牲畜，其粪便中仍含有多数存活的卵孢子。白发病最适发病温度为 18~20℃，最宜土壤相对湿度 30%~60%；连作及播种过深，墒情差，出苗慢田块发病重；品种间抗病性有明显差异。

（3）防治方法

①选择抗病品种；注意其生理小种分化。

②与大豆、薯类等实施 2~3 年轮作。

③施用腐熟净肥，不用病株堆肥，不用谷草做饲料；田间出现“白尖”症

状，及时拔除病株至园外销毁。

（四）甘薯病害

1. 甘薯黑斑病

甘薯黑斑病又称“黑疤病”，病原菌为子囊菌亚门小子囊菌目真菌 *Ceratocystis fimbriata* Ell. & Halst. 是甘薯的主要病害，可引起烂窖和死苗，造成严重损失。此外，病原菌能刺激甘薯产生甘薯黑斑霉酮和甘薯黑斑霉二酮等有毒物质，误食后，引发人畜中毒甚至死亡。

（1）症　状

该病在幼苗期、生长期和贮藏期均能发病，主要为害块根及幼苗茎基部，但不侵染地上部茎蔓。病苗受初期在茎基白色部分产生黑色圆形病斑，稍凹陷；严重时，幼茎、种薯和须根变黑腐烂，造成死苗甚至烂床。病苗移栽大田后，严重者基部变黑腐烂、枯死，造成田间缺株。薯块受害多于伤口中心处出现黑褐色中央略凹陷具清晰轮廓的病斑。病部薯肉青褐色或墨绿色，深入皮下5~30mm。窖藏期间，此病仍可继续蔓延，并常与匐枝根霉菌混合侵染，加重为害，甚至烂窖。病薯味苦。

（2）发病规律

病原菌主要以厚壁孢子和子囊孢子在贮藏窖、病薯及大田或苗床土壤中以及粪肥中越冬。病薯、病苗是近距离和远距离传播的主要途径。带菌土壤和肥料、风雨、流水、农具，以及人、畜、鼠类、昆虫等也可传病。最适发病温度为25℃；势低洼、土质黏重的薯田发病重；地势高燥、土质疏松地块发病轻；常多雨年份发病重。窖藏通风不良，温度高于20℃持续2周以上，病害蔓延快。

（3）防治方法

①选择抗性品种，薯块皮厚、薯肉坚实、水分少、味较淡的较抗病。

②与玉米、谷子等作物轮作4~5年或进行水旱轮作。

③使用脱毒无病种苗。

④减少虫、鼠伤口及机械伤口。

⑤尽量使用新窖贮藏；薯块进窖后15~20h内将窖温升到34~37℃保持4d。高温处理后应尽快使窖温迅速降，保持11~13℃。

2. 甘薯黑痣病

甘薯黑痣病病原菌为半知菌亚门真菌 *Monilochaetes infuscans* Ell. et Halst. ex Harter，为生育期和贮藏期主要病害。

（1）症　状

该病主要为害薯块，初生浅褐色小斑点，后扩展成黑褐色近圆形至不规则形大斑，湿度大时，病部产生灰黑色霉层，严重时病部硬化，产生微细龟裂。病斑仅限于皮层，不深入组织内部，病薯易失水，逐渐干缩。种薯发病影响发芽。

（2）发病规律

病原菌于病薯块或土壤中越冬，翌春育苗时引发幼苗发病，后产生分生孢子侵染薯块。发病适温限6~32℃，温度、夏秋多雨、土质黏重、地势低洼或排水不良及盐碱地发病重。

（3）防治方法

①选用无病种薯，培育无病壮苗，建立无病留种田。

②禾科作物3年以上的轮作；春薯适当晚栽；注意排涝，减少土壤湿度。

③寒露至霜降之间，日平均气温15℃左右收获，防止过晚收获遭受霜冻；收获后晾晒2~3d，使伤口干燥。

④枯草芽孢杆菌（含活芽孢数10^9个/g），500倍液灌根，每穴100mL。

⑤贮藏期窖温要控制在12~15℃。

3. 甘薯茎线虫病

甘薯茎线虫病俗称“甘薯糠心病”，病原物为虫纲茎线虫属马铃薯腐烂茎线虫 *Ditylenchus destructor* Thorne，为害薯块及茎蔓，造成烂种、烂窖、死苗、死秧等，严重影响产量以致绝收，为国家检疫对象之一，属毁灭性病害。

（1）症　状

该病原线虫主要为害薯块，通过薯种、薯苗、土壤、粪肥等多种途径传播。薯苗带病，线虫侵入薯块形成“糠心病”，病部自上而下、由内向外扩展，在薯块内部形成不规则的孔洞，因受其他微生物侵染而呈褐白相间的干腐症状，病薯外表正常，但重量变轻。土壤中病原线虫经薯皮侵入薯块形成“糠皮病”，病部一般自下向上、由外向内扩展，在薯块表皮产生青色至紫色凹陷小斑，因受其他微生物侵染而呈黑褐色，后期表皮龟裂，皮层内部呈褐白相间的干腐症状。

（2）发病规律

病原线虫主要以卵、幼虫和成虫随薯块在储存地或在土壤、粪肥中越冬。病薯、病苗为其远近距离传播主要媒介。甘薯茎线虫耐低温、耐干、耐湿，自然条件下多集居于干湿交界10~15cm土层中，在土壤中可存活5~6年。潮湿、疏松、通气和排气性好的沙质土发病重；种薯直栽重于移栽地块；春薯重于夏薯地。甘薯品种间的抗病性存在明显差异。

（3）防治方法

①选择抗性品种；调运薯种、薯苗、薯干时须严格检疫。

②与玉米、谷子等作物轮作4~5年或进行水旱轮作。

③覆膜栽培，抑制茎线虫发生；适当早收避开后期侵染高峰。

④带病薯块、薯秧集中田外销毁；堆制以薯块、薯秧、薯渣为饲料的厩肥须高温发酵，充分腐熟。

⑤有条件地区或设施育苗时，可利用高温水蒸气进行土壤熏蒸。

四、主要虫害及防治技术

（一）小麦虫害

1. 麦长管蚜

麦长管蚜属同翅目蚜科，喜聚集叶片及穗部刺吸为害；受害株生长缓慢，分蘖减少，千粒重下降；亦为害大麦、燕麦、水稻、玉米、甘蔗等禾本科作物。

（1）形态特征

①无翅孤雌。体长 3.1mm，草绿至橙红色；触角黑色；腹管黑色，长圆筒形，体长 1/4；尾片色浅，长圆锥形，为腹管的 1/2。

②有翅孤雌蚜：体长 3.0mm，绿色；触角黑色，第三节具 8~12 个感觉圈，排成一行；腹管黑色，长圆筒形；尾片长圆锥状，具 8~9 根毛。

（2）生物学特性

该虫年发生多代，常具孤雌胎生世代和两性卵生世代的世代交替；以卵越冬，翌春小麦返青后开始孵化为害，抽穗后转至穗部为害，随气温升高数量迅速升高，至灌浆、乳熟期达高峰；温高于 22℃，产生大量有翅蚜，迁飞到冷凉地带禾本科植物上越夏；秋季冬麦出苗后从夏寄主上迁入麦田进行短暂繁殖，产生有性蚜，交尾产越冬卵；旬均温 4℃为产卵盛期，以卵越冬。该虫在我国中部和南部属不全周期型，全年进行孤雌生殖，以孤雌蚜成虫和若虫越冬，不产生性蚜世代。

麦长管蚜主要天敌有瓢虫、食蚜蝇、草蛉、蜘蛛、蚜茧峰、蚜霉菌等。

（3）防治方法

①保护麦田生态环境，有条件地区可种植紫花苜蓿等作物作为隔离带，招引野外瓢虫、食蚜蝇、小花蝽等天敌。

②药剂防治：发生初期喷施 70%印楝油稀释 100~200 倍，安全间隔期为 7~10d；天然除虫菊素 600~800 倍喷雾；蚜虫数量多时，可添加 200 倍竹醋液或软钾皂液，效果更好。

2. 麦二叉蚜

麦二叉蚜属同翅目蚜科，成蚜、若蚜喜群集于叶片或叶鞘内外刺吸为害，严重时影响小麦拔节、抽穗，同时可传播小麦黄矮病，亦为害大麦、燕麦、高粱、水稻、狗尾草、莎草等禾本科植物。

(1) 形态特征

①无翅孤雌蚜：体长 2.0mm，淡绿色；腹管长圆筒形，浅绿色，顶端黑色；腹管尾片长圆锥形，长为基宽的 1.5 倍。

②有翅孤雌蚜：体长 1.8mm，绿色；前翅中脉二叉状，后翅通常具肘脉 2 支。

(2) 生物学特性

该虫习性与麦长管蚜相似，年生多代，以卵越冬；发育适温 20~30℃，发育速度与温度正相关；小麦拔节、孕穗期虫口上升较快，易爆发。

(3) 防治方法

同麦长管蚜防治方法。

3. 麦红吸浆虫

麦红吸浆虫属双翅目瘿蚊科，小麦灌浆期幼虫潜伏颖壳吸食籽粒汁液为害，造成瘪粒或空壳，导致减产，为世界性小麦害虫。

(1) 形态特征

①成虫：体长 2.0~2.5mm，雄虫略小，橘红色；具透明前翅 1 对（后翅特化为平衡棒）。

②卵：长椭圆形，长约 0.3mm，淡红色，透明，表面光滑。

③幼虫：老熟时体长 2.5~3.0mm，橙黄色，蛆状；3 龄前胸腹面具一“丫”形骨片。

④蛹：长约 2.0mm，头前部有呼吸管 1 对；蛹色因发育阶段不同而有明显变化，初化蛹时与幼虫体色相同，临羽化前复眼呈黑褐色，翅芽深褐。

(2) 生物学特性

该虫年发生一代，以老熟幼虫于麦田地表 3~7cm 土层内结茧越夏越冬，翌春小麦拔节时破茧向土表移动，孕穗时结茧化蛹，抽穗期羽化。成虫活动适温 20~25℃，喜早晚活动，产卵于已抽穗但尚未开花的麦穗护颖、小穗间、小穗与穗轴之间。幼虫孵化后潜入麦壳吸食灌浆为害；老熟后脱出麦壳，入土结茧休眠。夏季高温，越夏幼虫死亡率高；小穗紧密，麦壳厚硬，抽穗快而整齐，抽穗期避开成虫盛发期的品种受害轻。

(3) 防治方法

①选择抗性品种。

②发生严重地区，收获后进行 20cm 以上连片深翻，消灭土内幼虫。

(二) 玉米虫害

1. 玉米螟

玉米螟属鳞翅目螟蛾科，幼虫取食心叶，钻蛀茎秆、花穗、幼嫩籽粒为害，导致茎秆易折，减产；杂食性，亦为害高粱、谷子、棉花、甘蔗、水稻、向日葵、甜菜、甘薯、豆类等作物，为世界性害虫。

（1）形态特征

①成虫：雄虫体长13~14mm，翅展22~28mm，雌虫略大，黄褐色，前翅具黄褐色波状纹内横线，外横线暗褐色锯齿状。

②卵：椭圆形，长约1mm，成数粒至数十粒鱼鳞状卵块；初产乳白色，孵化前前端呈黑褐色（幼虫头部，称黑头期）。

③幼虫：老熟时体长20~30mm，背部颜色通常浅褐或灰黄，中胸、后胸及腹部1~8节背部各具4个圆形毛瘤。

④蛹：长约17mm，红褐色或黄褐色，臀棘黑褐色，尖端具5~8根钩刺。

（2）生物学特性

该虫年发生3代，以3代老熟幼虫在茎干、穗轴或根茬内越冬，翌年5月上旬羽化。成虫昼伏夜出，喜选择生长高大浓绿植株产卵。卵块鱼鳞状，以叶背中脉附近较多。幼虫于心叶期取食叶肉，叶片展开后呈成排小圆孔，俗称“花叶”；抽雄后侵入雄穗为害；4龄以后向下转移钻蛀茎干；亦可蛀食果穗嫩粒。幼虫共5龄，具趋糖、趋触、趋湿和负趋光性，以越冬代最长。

（3）防治方法

①收获后及时通过粉碎还田、青贮、堆沤等措施处理玉米秸秆，破坏幼虫越冬环境。

②成虫羽化期，黑光灯诱杀成虫。

③成虫羽化期开始释放赤眼蜂，3万头/667m^2，按照1：2比例，间隔5d，分两次释放。每亩3~5个放蜂点为宜，将蜂卡别在该叶片背面距基部1/3的叶脉处。

2. 高粱条螟

高粱条螟属鳞翅目螟蛾科，幼虫为害心叶、茎秆等，造成枯心、茎秆易折，导致减产，常与玉米螟混合发生，亦为害高粱、谷子等作物。

（1）形态特征

①成虫：体长10~13mm，翅展24~34mm，雄虫略小，前翅灰黄色，具20余条暗色纵纹，中央具1个小黑点；顶角尖锐，外缘具7个小黑点；后翅颜色较淡。

②卵：椭圆形，长约1. 5mm，初为乳白色，后变为黄色；卵块成双行人字形相叠。

③幼虫：分为夏型和冬型，老熟时体长20~30mm，乳白色至淡黄褐色，具淡红棕色斑点。夏型幼虫背部各节具4个褐色斑；冬型幼虫蜕皮后褐斑消

失，背面具 4 条淡紫条纵纹。

④蛹：长 14~16mm，黑褐色，有光泽，腹末端具 2 对尖锐小突。

（2）生物学特性

该虫年发生 2 代，以老熟幼虫在寄主茎秆、叶鞘或穗轴中越冬。成虫具有趋光性，卵多产于叶背基部及中部。初孵幼虫常群集于心叶内为害，蛀食叶肉仅剩表皮；3 龄后蛀入茎秆环状取食茎髓，造成枯心苗，受害植株遇风折断如刀割状。春季降水多，田间湿度大，第一代高粱条螟为害较重。

（3）防治方法

同玉米螟防治方法。

（三）谷子虫害

栗灰螟

粟灰螟属鳞翅目螟蛾科，幼虫钻蛀茎基部为害，造成“枯心苗”；为害穗下茎节则形成“白穗”，受害植株遇风易折断，造成严重减产；食性较玉米螟单一，亦可为害玉米、高粱及狗尾草等禾本科植物。

（1）形态特征

①成虫：体长 8~10mm，翅展 18~25mm，雄虫略小；雄蛾前翅浅黄褐色掺杂黑褐色鳞片，中室及顶端各具 1 枚小黑斑，外缘具排成一列的 7 个小黑点；后翅灰白色。雌蛾色较浅，前翅无小黑点。

②卵：扁椭圆形，长 0.8mm，表面具网状纹。

③幼虫：老熟时体长 15~23mm，头红褐色或黑褐色，胸部黄白色，体背具 5 条紫褐色纵线。

④蛹：长 12~14mm，腹部 5~7 节周围有数条褐色突起，7 节后瘦削，末端平。

（2）生物学特性

该虫年发生 3 代，多以老熟幼虫在田间寄主残体内越冬。成虫具趋光性，昼伏夜出，喜产卵于叶背。初孵幼虫移动至茎基部自叶鞘缝隙蛀入茎秆为害，造成枯心苗。幼虫共 5 龄，低龄幼虫喜群集，3 龄后分散，4 龄后转株为害，每头幼虫通常可为害 2~3 株谷子。春季播种早，降雨多发生严重；株色深，基秆粗软，叶鞘茸毛稀疏，分蘖力弱的品种受害重。

（3）防治方法

①选择抗性品种。

②适时播种，使苗期避开成虫羽化盛期；人工拔除枯心苗，集中销毁；秋季耕翻，将根茬暴露在地面，减少越冬虫源。

③成虫羽化期，黑光灯诱杀成虫。

④成虫羽化期开始释放赤眼蜂，3万头/667m²，按照1∶2比例，间隔5d，分2次释放。

（四）甘薯虫害

黑绒金龟

黑绒金龟又称“东方绢金龟”，属鞘翅目鳃金龟科，成虫、幼虫取食甘薯块茎，造成缺苗及块茎受损，严重影响产量；杂食性，为害多种作物。

（1）形态特征

①成虫：体长7~8mm，黑褐色或黑色，体表具丝绒般短毛。

②卵：椭圆形，乳白色，具光泽。

③幼虫：蛴螬形，老熟时体长16~20mm；体具黄褐色刚毛，肛孔呈三射裂缝状。

④蛹：长6~9mm，黄褐至黑褐色，腹部末端具臀刺1对。

（2）生物学特性

该虫年发生1代，以成虫老熟幼虫在土中越冬，翌春化蛹羽化。成虫飞翔力极强，具有趋光性和假死性，白天则潜伏于土中，昼伏夜出。卵多产于薯秧周边15~18cm深的土中。初孵幼虫于土中取食害甘薯地下块茎，老熟幼虫入土化蛹，部分成虫羽化业在原地越冬。

（3）防治方法

①施用充分腐熟有机肥；适期进行秋耕、春耕消灭害虫。

②悬挂黑光灯及糖醋酒液诱杀成虫；利用假死性人工捕杀成虫。

③科学控制土壤含水量，适当控湿或灌溉可以抑制黑绒金龟的发展。

④出现断苗时，及时于每天清晨在新断苗株附近扒土捕杀。

⑤利用白僵菌、绿僵菌防治幼虫。

第四节　有机大田作物生产方案

一、小　麦

（一）基地环境建设

有机小麦生产基地应边界清晰，相对独立，与周边常规作物隔离带大于10m，排灌方便，土质疏松、肥沃。有机小麦生产基地至少应距离主城区、工矿区、交通主干线、工业污染源、生活垃圾场等5km。

有机小麦基地内的环境质量应符合以下要求。

①土壤环境质量符合GB 15618《土壤环境质量标准》中的二级标准。

②灌溉用水水质符合 GB 5084《农田灌溉水质标准》的规定。

③环境空气质量符合 GB 3095《环境空气质量标准》中的二级标准。

（二）栽培模式

前茬为有机花生或休闲地块。25～27cm 耕深，耕后机耙 2 遍。根据播种机播幅宽度打畦，适宜长 30～50m，宽 2～3m。

适期播种，播前 10～15d，晴天晒种 2～3d；播前可温汤浸种 6h；20cm×20cm 等行距或 25cm×15cm 宽窄行播种；种深度 3～5cm，播种后镇压；播种量 9～12kg/667m^2；下种均匀，深浅一致。

（三）水肥管理

施用腐熟优质农家肥 3.0t/667m^2，撒施地面，耕翻入土。起身初期，结合灌水沟施追肥腐熟优质农家肥 2m^3/667m^2。

越冬、返青、拔节、孕穗、灌浆期视墒情选择无风天气进行浇灌。

（四）病虫害控制

1. 农业防治

选用抗性品种，轮作，合理肥水管理，建立隔离带提高植被多样化等方法防控病虫害。

2. 物理防治

人工、机械除草。

3. 生物防治

助迁、增殖瓢虫防治蚜虫；释放赤眼蜂防治鳞翅目害虫。

4. 药剂防治

（1）病　害

①发病初期喷施 0.3～0.5°Be′石硫合剂防治白粉病、锈病。

②发病初期喷施 200 倍氨基酸螯合铜制剂防治白粉病等病害。

（2）虫　害

喷施 800 倍天然除虫菊素防治蚜虫等害虫。

（五）采后处理和产品品质

晚熟初期收获，籽粒含水量 12.0%以下时入仓。收获后及时将秸秆粉碎至长度 10cm 以下的小段还田。有机小麦农药残留“0”检出，重金属残留量满足 GB 2762《食品安全国家标准　食品中污染物限量》相关要求。

二、玉　米

（一）基地环境建设

有机玉米生产基地应边界清晰，相对独立，与周边常规作物隔离带大于

10m，排灌方便，土质疏松、肥沃。有机玉米生产基地至少应距离主城区、工矿区、交通主干线、工业污染源、生活垃圾场等5km。

有机玉米基地内的环境质量应符合以下要求。

①土壤环境质量符合GB 15618《土壤环境质量标准》中的二级标准。

②灌溉用水水质符合GB 5084《农田灌溉水质量标准》的规定。

③环境空气质量符合GB 3095《环境空气质量标准》中的二级标准。

（二）栽培模式

前茬为有机花生或休闲地块。25~30cm耕深，耕后机耙2遍。

适期播种，播前选种、晒种；60cm行距25~27cm株距，密度4 000~6 000株/667m²；种深度3~5cm，播种后镇压；下种均匀，深浅一致。

（三）水肥管理

按100kg籽粒需吸收纯氮（N）2.62kg、纯磷（P_2O_5）0.9kg、纯钾（K_2O）2.64kg核算施肥量；60%氮肥与磷肥、钾肥为底施，灌底墒水；40%氮肥选用沼液，在大喇叭口前期随水冲施。

浇好底墒水，拔节期、孕穗期、抽雄灌浆期，视墒情选择无风天气进行浇灌。

（四）病虫害控制

1. 农业防治

选用抗性品种，轮作，合理肥水管理，建立隔离带提高植被多样化等方法防控病虫害。

2. 物理防治

人工、机械或覆地膜除草；悬挂黑光灯、性诱剂防治玉米螟等鳞翅目害虫。

3. 生物防治

助迁、增殖瓢虫防治蚜虫；释放赤眼蜂防治玉米螟鳞翅目害虫。

4. 药剂防治

（1）病　害

在心叶末期至抽雄期喷施0.5%大黄素甲醚100mL/667m²或1%蛇床子素150mL/667m²或200倍氨基酸螯合铜制剂防治大斑病。

（2）虫　害

①每667m²施用200mL/Bt或10亿PIB/mL核型多角体病毒悬浮剂0.75kg喷雾，防治玉米螟等鳞翅目害虫。

②喷施800倍天然除虫菊素防治蚜虫等害虫。

（五）采后处理和产品品质

完熟后期，苞叶干枯松散，籽粒变硬发亮乳线消失时收获。收获后及时晾晒，籽粒含水量在20%以下时脱粒，脱粒后的籽粒及时入仓。有机玉米农药残留“0”检出，重金属残留量满足GB 2762《食品安全国家标准　食品中污染物限量》相关要求。

三、谷　子

（一）基地环境建设

有机杂粮（谷子）生产基地应边界清晰，相对独立，与周边常规作物隔离带大于10m，排灌方便，土质疏松的壤土或沙壤土。有机杂粮（谷子）生产基地至少应距离主城区、工矿区、交通主干线、工业污染源、生活垃圾场等5km。

有机杂粮（谷子）基地内的环境质量应符合以下要求。

①土壤环境质量符合GB 15618《土壤环境质量标准》中的二级标准。

②灌溉用水水质符合GB 5084《农田灌溉水质标准》的规定。

③环境空气质量符合GB 3095《环境空气质量标准》中的二级标准。

（二）栽培模式

前茬宜豆、玉米或休闲。前茬收获、灭茬后，结合施基肥进行耕翻，浅翻深松18~20cm，翻后立即耙压。

风选或水选清除秕谷、杂草种子；晴天中午晒种3~5d，每次3~4h，杀灭种皮附着的病菌。播种量0.5kg/667m^2。

3~5片真叶时定苗，株行距10cm×65cm，密度30 000株/667m^2；结合间苗进行早中耕、除草2遍。

（三）水肥管理

前茬收获、灭茬后施入150kg/667m^{2}优质腐熟农家肥。

（四）病虫害控制

1. 农业防治

选用抗性品种，轮作，合理肥水管理，选用通风透光地块种植，建立隔离带提高植被多样化等方法防控病虫害。

白发病拔除销毁病株。

2. 物理防治

人工、机械或覆地膜除草；悬挂黑光灯、性诱剂防治鳞翅目害虫。

3. 生物防治

助迁、增殖瓢虫防治蚜虫；释放赤眼蜂防治鳞翅目害虫。

4. 药剂防治

（1）病　害

①1%石灰水浸种预防谷瘟病。

②发病初期喷施200倍氨基酸螯合铜制剂防治病害。

(2) 虫　害

喷施800倍天然除虫菊素防治蚜虫等害虫。

(五) 采后处理和产品品质

腊熟期或完熟期，谷穗上90%的谷粒变成本品种特征色即可收获。有机玉杂粮（谷子）农药残留“0”检出，重金属残留量满足GB 2762《食品安全国家标准　食品中污染物限量》相关要求。

四、甘　薯

(一) 基地环境建设

有机甘薯生产基地应边界清晰，相对独立，与周边常规作物隔离带大于10m，土质疏松，耕层30cm左右的壤土或沙壤土。有机甘薯生产基地至少应距离主城区、工矿区、交通主干线、工业污染源、生活垃圾场等5km。

有机甘薯基地内的环境质量应符合以下要求。

①土壤环境质量符合GB 15618《土壤环境质量标准》中的二级标准。

②灌溉用水水质符合GB 5084《农田灌溉水质标准》的规定。

③环境空气质量符合GB 3095《环境空气质量标准》中的二级标准。

(二) 栽培模式

3年轮作，南北向起垄栽培，春薯垄距0.6~0.8m，垄高20~30cm。

适时早栽，5~10cm地温稳定17℃时栽插。减掉薯秧末端须根，苗长约20cm，插入土中3~4节与地面成一斜角，苗尖露出地面，中等肥力密度4 000~4 500株/667m^2，薄地3 500~4 000株/667m^2，有条件地区可覆膜栽培。

(三) 水肥管理

按1 000kg鲜薯需纯氮（N）3.72kg，磷（P_2O_5）1.72kg，钾（K_2O）7.48kg，氮磷钾的比例为2∶1∶4。一般每667m^{2}施优质腐熟有机肥3 000kg加草木灰150kg。

(四) 病虫害控制

1. 农业防治

选用抗性品种，轮作，合理肥水管理，使用无病虫害脱毒壮苗，建立隔离带提高植被多样化等方法防控病虫害。

2. 物理防治

人工、机械或覆地膜除草；悬挂黑光灯、性诱剂防治金龟子、地老虎等鞘翅目、鳞翅目害虫。

3. 生物防治

释放赤眼蜂防治鳞翅目害虫。

4. 药剂防治

（1）病　害

发病初期喷施200倍氨基酸螯合铜制剂防治病害。

（2）虫　害

喷施800倍天然除虫菊素防治蚜虫等害虫。

（五）采后处理和产品品质

初霜期前进行收获。有机甘薯农药残留“0”检出，重金属残留量满足GB 2762《食品安全国家标准　食品中污染物限量》相关要求。

第三章　有机蔬菜生产实用技术

第一节　有机蔬菜生产基地建设与品种选择

一、产地环境要求

有机蔬菜基地环境要求应满足 GB/T 19630《有机产品》，以及相关国家、行业法规与标准的要求，结合南阳市具体情况，限值如下。

（一）土壤质量标准

有机果蔬菜基地土壤环境质量要求如表 3-1 所示。

表 3-1　有机蔬菜基地土壤环境质量要求　（单位：mg/kg）

项　目	限　值		
	pH 值<6.5	pH 值 6.5~7.5	pH 值>7.5
镉≤	0.3	0.3	0.6
汞≤	0.3	0.5	1.0
砷≤	40	30	25
铜≤	50	100	100
铅≤	250	300	350
铬≤	150	200	250
锌≤	200	250	300
镍≤	40	50	60
六六六≤	0.5	0.5	0.5
滴滴涕≤	0.5	0.5	0.5

（二）灌溉水质量标准

有机蔬菜基地灌溉用水水质满足应符合如表 3-2 规定。

表 3-2　有机蔬菜基地灌溉水质量要求

项　目	限　值
5 日生化需氧量≤	40mg/L①，15mg/L②
化学需氧量≤	100mg/L①，60mg/L②

（续表）

项　目	限　值
悬浮物≤	60mg/L①，15mg/L②
阴离子表面活性剂≤	5.0mg/L
水温≤	35℃
pH值≤	5.5~8.5
全盐量≤	1 000mg/L
氯化物≤	350mg/L
硫化物≤	1.0mg/L
总汞≤	1.0×10^{-3}mg/L
镉≤	1.0×10^{-2}mg/L
总砷≤	5.0×10^{-2}mg/L
铬（六价）≤	0.1mg/L
铅≤	0.2mg/L
铜≤	1.0mg/L
锌≤	2.0mg/L
硒≤	1.0×10^{-2}mg/L
氟化物≤	2.0mg/L
氰化物≤	0.5mg/L
石油类≤	1.0mg/L
挥发酚≤	1.0mg/L
苯≤	2.5mg/L
三氯乙醛≤	0.5mg/L
丙烯醛≤	0.5mg/L
硼≤	1.0mg/L（对硼敏感作物，如黄瓜、马铃薯、韭菜、笋瓜、洋葱等） 2.0mg/L（对硼耐受性较强的作物，如青椒、小白菜、葱等） 3.0mg/L（对硼耐受性强的作物，如萝卜、油菜、甘蓝等）
粪大肠菌群数≤	2 000个/L①，1 000个/L②
蛔虫卵数≤	2个/L①，1个/L②

注：①加工、烹饪及去皮蔬菜；②生食蔬菜、瓜类及草本水果。

（三）空气质量标准

有机蔬菜基地环境空气质量应达到表3-3标准。

表3-3　有机蔬菜基地大气污染物浓度限值

污染物	限　值		
	年平均浓度	日平均浓度	一小时平均浓度
二氧化硫≤	60μg/m^3	150μg/m^3	500μg/m^3
二氧化氮≤	40μg/m^3	80μg/m^3	200μg/m^3

（续表）

污染物	限值		
	年平均浓度	日平均浓度	一小时平均浓度
一氧化碳≤	—	4. 0mg/m^3	10mg/m^3
氮氧化物≤	50μg/m^3	100μg/m^3	250μg/m^3
臭氧≤	—	160μg/m^3（最大 8h 平均）	200μg/m^3
总悬浮颗粒物≤	200μg/m^3	300μg/m^3	—
≤10μm 颗粒物≤	70μg/m^3	150μg/m^3	—
≤2. 5μm 颗粒物≤	35μg/m^3	75μg/m^3	—
铅≤	0. 5μg/m^3	1. 0μg/m^3（季平均）	—
苯并［a］芘≤	1. 0×10^{-3} μg/m^3	2. 5×10^{-3} μg/m^3	—

注：“年平均浓度”为任何年的日平均浓度值不超过的限值；“日平均浓度”为任何一日的平均浓度不许超过的限值；“一小时平均浓度”为任何一小时测定不许超过的浓度限值。

二、基地建设

有机蔬菜基地应重视其周边环境建设，建立与蔬菜生产基地一体化的生态调控系统，增加天敌等自然因子对病虫害的控制和预防作用，降低病虫害的为害，减少生产投入。

必须根据有机蔬菜基地周边地块的生产计划、病虫害防治情况、施肥措施，以及其他危险物的漂移情况等内容，进行风险分析，采取必要的预防和保护措施。确保有机蔬菜生产的完整性的必要措施是建设缓冲带。

缓冲带可以是菜田周边的农田林网、高秆作物（如玉米）或诱集、驱避作物，以及一定宽度的专门用作缓冲带的蔬菜等。缓冲带一方面可以达到隔离禁用物质的效果，另一方面也是有机地块的标识，具有示范、宣传和教育的作用。当利用驱避或诱集植物建设缓冲带时，不仅能够减少害虫进入，而且可以作为天敌的栖息地为其提高活动、产卵和寄居的场所，有助于提高菜田的生物多样性，降低病虫的危害。

三、品种和种苗选择

选择适应当地土壤和气候特点的抗性品种；充分考虑保护作物的遗传多样性，避免大规模种植单一品种。种子质量应符合 GB 16715《瓜菜作物种子》的相关要求。

（一）种子要求

有机蔬菜种子的选择应注意以下 3 点。首先是转基因风险。目前市场上商品蔬菜种子转基因风险较小，部分消费者讹传的彩椒、水果玉米、樱柿等均非转基因种子，但生产者应该建立专门渠道以及时获取有关转基因蔬菜种子信息。其次是包衣种子。种子包衣是一项重要的农业实用技术，可以有效解决种子病虫害、耐寒、抗寒等诸多问题，在世界范围内广泛利用。由于包裹种子的包衣剂均为化学化成，因此有机生产体系禁止使用。购买种子时一定要仔细查看包装说明，询问经销商，保证种子未包衣。此外，有机蔬菜生产鼓励使用有机生产体系来源的种子，当从市场上无法获得有机种子或种苗时，可以选用未经禁用物质处理过（如化学包衣种子）的常规种子或种苗，但应制订获得有机种子和种苗的计划。

（二）种子处理

有机蔬菜生产的基础是培育健苗、壮苗和无病虫苗。首先是种子处理，有机蔬菜禁止使用包衣种子，可以采用如下措施进行消毒。

1. 干热消毒

此法适用番茄、茄子等蔬菜，使种子含水量降至7%以下，置于67～73℃的烘箱中，烘烤3h后取出浸种催芽，可杀死种子内外的病原菌。

2. 温汤浸种

种子的胚芽在休眠时期可以耐受一定的高温。温汤浸种是先将种子在室温下浸泡3～6h，然后加入种子体积3～5倍的热水，保持50～55℃水温15～30min，取出冷却后再催芽播种。温汤浸种既能保证种子正常发芽，又能杀死种子表面携带的病原菌，其效果好坏决定于浸种处理时的温度及处理时间。温汤浸种是一种简便、有效的传统消毒方法，适用于多种蔬菜。

温汤浸种所用的温度和处理时间可因种子大小、种皮薄厚及所携病害种类不同而异，具体建议如表3-4。

表3-4　不同蔬菜品种温汤浸种方法

蔬菜	水温（℃）	时间（min）	预防病害
辣椒/甜椒	55	10	炭疽病、疮痂病
番茄	52	30	叶霉病、早疫病、斑枯病
茄子	50	30	黄萎病、褐纹病
黄瓜	55	20	细菌性角斑病、炭疽病、霜霉病、病毒病
白菜	50	10	黑斑病、炭疽病
萝卜	50	15	黑腐病
芹菜	48	30	早疫病、斑枯病

3. 热水烫种

烫种可以快速杀灭种子表面携带的病原菌及虫卵。烫种要求水温在70～

75℃，水量为种子量的3～5倍，种子需充分干燥，边浸边搅，待种子充分吸水膨胀为止。此法适合于种皮硬而厚、透水困难的种子，如韭菜、丝瓜、冬瓜等。

4. 药剂浸种

药剂浸种是将种子浸泡在一定浓度的药液中，经过5～30min后取出，洗净、晾干或催芽的一种消毒方法。浸种后要用清水冲洗干净，否则会引起药害。药液用量通常为种子量的1倍。常用药剂有1.0%的硫酸铜液，0.2%的高锰酸钾溶液，以及2%的氢氧化钠溶液等。防治辣椒炭疽病和细菌性斑点病，先用清水浸4～5h，然后用1.0%硫酸铜液浸5～10min，取出用清水洗净催芽。0.2%高锰酸钾水溶液浸种15min可以有效防治蔬菜苗期的立枯病、猝倒病等。氢氧化钠浸种能杀灭菜种内外大部分病毒和真菌，可以有效预防蔬菜病毒病、炭疽病、角斑病和早疫病等；方法是先用清水种浸4h，然后置于2%的氢氧化钠溶液里浸15min，最后用清水冲洗，晾18h，播种。

（三）培育壮苗

有机蔬菜须采用有机方式育苗，根据季节、气候条件的不同选用日光温室、塑料大棚、连栋温室、阳畦、温床等育苗设施，夏秋季育苗还需配有防虫、遮阳等设施，鼓励采用穴盘育苗和工厂化育苗，并对育苗设施进行消毒处理。

育苗应创造适合幼苗生长发育的环境条件，按照蔬菜特性（喜温、喜冷凉等）分区域育苗，并根据蔬菜苗期各阶段发育规律，分别进行调控。蔬菜育苗通常分为4个关键时期。播种至出土为第一阶段，此时蔬菜利用种子自身营养进行发育，因此时间越短好，可适当保温、加温，促进种子萌发。第二阶段为种子出土至子叶平展时期，此阶段关键要控制下胚轴生长，防止出现徒长苗。因此须注意降温，尤其要控制昼夜温差至少在10℃以上。真叶展开后可以适当升温，促进生长。定植前7～10d为炼苗期，注意降温、控水，以适应定植栽培环境。

育苗基质应符合土壤培肥的肥料要求，因地制宜的选用无病虫源的田土、腐熟农家肥、草炭、砻糠灰等，按一定比例配制而成。良好的育苗基质要求孔隙度约60%，pH值6～7，速效磷100mg/kg以上，速效钾100mg/kg以上，速效氮150mg/kg，疏松、保肥、保水、营养完全。

第二节 有机蔬菜土壤管理技术

一、健康土壤标准及蔬菜营养需求

有机蔬菜生产需要科学施用有机肥，以逐渐培养土壤优良的物理、化学性状，从而有利于蔬菜根系生长及微生物繁殖。基肥在蔬菜种植前施用，一般叶菜类蔬菜多在全园施用后播种或定植，也可按行距条施后整地做畦，然后定植。基肥主要包括畜禽粪肥、绿肥、饼粕以及加工厂未经污染的有机废弃物等。追肥一般适用于生长期较长的蔬菜，因固态肥料的肥效较慢，通常需要及时补充营养物质以满足其生理需求。追肥以液态有机肥为主，施用方法一般是将沼液或豆类/豆粕沤制肥开沟施用，亦可结合水肥一体化进行。有机蔬菜生产一般不使用转基因风险极大的黄豆饼和非新疆产区的棉籽饼。

鼓励施用土壤改良剂及有益微生物等，持续改善土壤理化及微生物相，充分满足蔬菜生长的养分需要。营养的供给应视蔬菜种类酌情调整：叶菜类氮肥宜多，而磷钾肥可以较少；果菜类和根茎类氮肥可以较少而磷钾肥宜多。

叶菜类、块根类与块茎类蔬菜栽培禁止施用人粪尿。

二、土壤培肥种类及方法

（一）基　肥

基肥于整地做畦播种或种植前使用，此时粗有机肥、细有机肥、土壤改良剂及有益微生物都应使用。粗有机肥主要是由稻壳、稻草、花生壳、锯木屑、杂草、树叶等纤维质含量较多的资材，混合少量禽畜粪肥、饼粕类或动物性废弃物并添加有益微生物等制作而成，混合材料的多寡常因生产习惯及地区资源不同而有较大差异。

土壤改良剂包括白云石粉、苦土石灰、石灰石粉、消石灰、蛹壳粉/灰等含钙镁的资材；稻壳炭、木炭、活性炭、泥炭、腐殖酸等含碳及腐殖酸资材；海草产品、氨基酸、磷矿粉、海鸟磷肥、虾蟹贝壳粉等可提供特殊养分的资材，以及波动石、麦饭石、沸石等可以改良土壤电磁环境或提高阳离子交换能力（CEC）的材料。

有益微生物包括纤维素分解菌等养分分解菌，以及芽孢杆菌、木霉菌等有益生防菌。

（二）追　肥

一般生长期短的小白菜、苋菜、菠菜等蔬菜，多数仅用基肥即可满足其全生育期的需要，不必使用追肥。但这类蔬菜必须根据各自的营养需求，一次施用足量的有机基肥。一些生长期长，全生育期均需肥的蔬菜如瓜类、西瓜、萝卜、牛蒡等应及时使用追肥，才能得到理想的产量。追肥使用量应根据不同蔬菜种类和生长期酌量核算，通常为基肥用量的1/5。固态追肥可条施或撒施于蔬菜根部，距离至少约10cm以上；最好选择雨后土壤潮湿时使用或于使用后酌量灌水，见效较快。使用沼液或饼粕沤制的液肥作为追肥，效果更好。

第三节　有机蔬菜主要病虫害综合防治技术

一、防治原则

与多年生的果树，茶叶不同，蔬菜生产具有生长周期短、复种指数高、品种变化大、采收频繁等特点，加之又存在露地与设施栽培等不同环境，因而菜田生态系统稳定性较差，天敌种群不易建立，且病虫害种类多，组成变化大，易出现多种病虫害同时发生的情况。蔬菜病虫害防治，应以作物为中心，进行健体栽培，提高蔬菜自身抗性；以农业措施为基础，通过土壤改良，利用茬口安排、品种搭配以及设施栽培技术，调控菜田小环境，切断病虫害的传播途径，恶化其生存空间，并综合利用生物、物理措施，必要时辅以药剂防治，压低害虫虫口密度，保护天敌种群数量，最终建立一个健康的菜田生态系统，以达到经济合理、生态持续、社会和谐的多赢效果。

蔬菜病害的发生是病原物-寄主植物-环境条件（侵染性病害）之间相互作用的结果，所以有机蔬菜病害防治方法必须针对上述3个环节；在防治思路上要从病三角或病二角出发，对于侵染性病害要创造有利于作物而不利于病原生物的环境，提高作物的抗性，尽量减少病原生物的数量，最终减少病害的发生。

值得注意的是，植物病害的发生具有一个较长时间的发生发展过程，而当表现出易被发现的明显症状时，病害已到晚期，往往难控制，并失去防治意义。因此，病害防治一定要根据其在不同时期的发病特点选择适宜措施，进行全生育期的科学防治，即产前、产中和产后相结合，植物检疫、土壤消毒、种子处理、有益微生物引进、环境调控、合理轮/间作以及药剂防治等措施综合使用，重点在于前期的防治，以达到事半功倍的效果。

常规蔬菜虫害防治的策略是预防重于治疗（对症下药、合理用药），着眼点是蔬菜-害虫，以害虫为核心，以药剂使用为主要手段。有机蔬菜生产虫害防治策略应以预防为主，以培育健康的蔬菜和构建良好的菜田生态系统为目标，对害虫采取科学调控而不是全部消灭的适当“容忍哲学”。所以，建立不利于病虫害发生而有利于天敌繁衍增殖的菜田小环境条件是有机蔬菜生产害虫防治核心。

营养因素和物理因素是导致菜田害虫数量变动的主因。前者主要涉及害虫的食物条件，如蔬菜种类、数量、生育期、生长势和季节演替等；后者主要包括温度、光照、水分和湿度等气候条件。菜田中各种蔬菜既供给害虫以食物和栖息场所，又影响着与害虫发生息息相关的小气候。因此，选择适宜的立地条件、种植结构和播期，利用蔬菜品种多样性，建立较为稳定平衡的生态体系；对种子、种苗或其他无性繁殖材料进行消毒处理；合理施肥，加强生长季节田间管理；冬季清园；采用适当的药剂防治等措施的综合运用，均为有机蔬菜生产虫害防治的有效途径。

总之，“预防为主、综合防治”是我国植保工作的总方针，也是蔬菜有害生物综合治理的基本原则。这个原则以经济学和生态学为基础，把有害生物作为自然生态系统中的组成部分，它们与作物在统一的环境下相互依存，相互抑制，在这种动态平衡系统中，有害生物不会自行灭亡，也不会造成明显经济损失。只有自然平衡系统受到破坏时，有害生物才可能猖獗一时，给生产带来严重损失。

根据上述原理，在生产操作中，我们必须从有害生物与环境及社会条件的整体观念出发，依据标本兼治、防重于治的原则，充分发挥自然控制因素的作用，因地因时制宜地对有关键病虫害采取适当的农业措施、药剂措施、生物措施以及其他有效手段，组建一套系统的防治措施，把病害控制在经济损害水平之下。“预防”在蔬菜病虫害的防治中是极为重要的，它包含两层含义：一是通过检疫措施预防危险性病虫害的传播和蔓延，用于国外或国内局部地区发生的危险性病害。二是在病虫害发生之前采取措施，把病害消灭在未发生前或初发阶段。“综合防治”措施是将多种防治措施有机结合，以环境调控为基础，根据病虫害的特点，选择相应的手段和方法，注重各种手段的增效性和互补性，提高整体防治效果，以获得最佳的经济、社会和生态效益。

二、有害生物防治技术体系

（一）农业措施

1. 环境调控措施

（1）品种安排

建设有机蔬菜生产基地之前，必须依据经济目标及当地病虫害的发生情况，制订合理的栽培计划，选择适当的品种搭配及轮/间作模式以遏制病虫害的发生。品种安排应至少考虑如下关键因素。

①阻断食物来源与产卵地点：阻断食物来源与产卵地点，尤其对于寡食性害虫而言，能够显著恶化其生存环境，尤其是在早春，可以有效压低虫口基数，为全年蔬菜生产打下良好基础。例如，甘蓝、芥蓝等十字花科蔬菜因销路好，价格高，因而许多基地均采取连续周年种植模式，成为小菜蛾严重发生的直接原因之一。根据市场需求，早春种植一茬莴苣、生菜等小菜蛾不喜取食的菊科蔬菜，能够明显降低其虫口基数。又如北方蔬菜产区发生较重的豌豆潜叶蝇，其早春第一代仅为害豌豆和油菜等越冬寄主或早春蜜源植物，如果上述品种栽培面积较大，则豌豆潜叶蝇严重发生的风险就大。温室白粉虱、烟粉虱是设施栽培蔬菜的主要害虫之一，棚室第一茬选择其不喜取食的芹菜、蒜黄等耐低温的作物，减少黄瓜、番茄的栽培面积，可以有效减轻其为害。

②错开发生高峰：由于温度、湿度等气候条件的不同，在蔬菜生长季中，不同病虫害的发生高峰各异，可以利用设施栽培，通过早播或迟播，避开其发生高峰，降低危害。

（2）天敌招引

根据不同天敌的习性，在菜田周围适当种植某些诱集植/作物，即可作为隔离带，又能为天敌提供食物及产卵和躲避不良环境的栖息地，具有显著的招效果。伞形科植物香芹（荷兰芹），可以作为蜜源植物招引大量土蜂前来取食，并寄生当地的蛴螬。唇形科植物夏至草能够在早春为越冬的小花蝽等天敌提供花粉/蜜等食物，有效招引、扩繁天敌消灭蔬菜蚜虫与蓟马。

（3）害虫驱避与诱杀

某些害虫对特定的挥发油、生物碱及某些植物次生代谢产物非但不取食，反而避而远之，这就是忌避作用。有计划地在菜田周边种植这些植物，可以起到驱避害虫的效果。例如，在十字花科蔬菜田中适当种植薄荷，能够减少菜粉蝶产卵；栽培除虫菊、大蒜可以驱避蚜虫。

大戟科植物蓖麻，能够引诱金龟子成虫，而且其种子和叶片中含有胃毒作用的毒蛋白（Ricin）和蓖麻碱（Ricinine）。通过育苗等措施，在菜田周边种植蓖麻，控制其真叶出现时期与金龟子成虫羽化期吻合，便可大量诱杀金龟子。

另外，害虫普遍对寄主具有一定的取食选择性。小菜蛾喜食十字花科蔬菜，但其中以叶片较厚的甘蓝、芥蓝、萝卜等受害最为严重，而白菜、油菜等蔬菜次之；菜粉蝶在十字花科蔬菜中偏嗜甘蓝；黄条跳甲类害虫已知寄主共 8 科 19 种，但主要为害十字花科、茄科、豆科、葫芦科等蔬菜，在十字花科蔬菜中，喜食白菜、芥菜、菜心，芥蓝次之。多食性的斜纹夜蛾可为害百余科几百种蔬菜，而以水生蔬菜、十字花科蔬菜和茄科蔬菜受害最重。甜菜夜蛾的已知寄主国内有近百种，为害最严重的包括甜菜、白菜、萝卜、菠菜、苋菜等蔬菜。根据这些特点，选择一些比主栽品种更易遭受为害的蔬菜/植物种类进行间作，可以起到诱集（消灭）主要害虫，保护主栽品种的效果。芋头是斜纹夜蛾寄主中发生最早，也是其最喜欢产卵和嗜食的作物。在辣椒、蕹菜、苦瓜等蔬菜田中种植芋头吸引斜纹夜蛾产卵，加以消灭，能够有效防治其为害。

（4）改善田间小气候

瓜类、茄果类蔬菜与玉米间作可减少病害发生。玉米在高温季节，可以作为上述蔬菜降温遮光的生物屏障，能够降低地表温度，提高湿度，减轻病毒病和生理病害的发生。一般每3~4畦蔬菜种植一畦玉米即可奏效。

叶类蔬菜亦可采用平高畦或东西向作畦种植；果类蔬菜可以采用与叶类蔬菜间作或大小垄方式栽培，以增加通风、透光程度，降低病害发生。

2. 轮作和间作

（1）轮　作

菜田生态系统中，蔬菜–环境–病虫害的三角关系以及蔬菜与病虫害的直接互作和演替，形成了时间、空间上的相互依赖与制约。揭示、利用该规律，进行合理安排蔬菜茬口，有利于避开蔬菜受害敏感期和病虫害发生的高峰期，降低蔬菜损失。

同一地块连年种植同一种作物或一种复种形式称为连作或重茬。连作极易引起“连作障碍”导致减产。一方面，连作有利于病虫害周而复始侵染，形成恶性循环，如黄瓜霜霉病、根腐病、跗线螨，番茄晚疫病，辣椒青枯病、立枯病等。另一方面，由于不同蔬菜吸收土壤营养元素的种类、数量及比例各异，根系深浅与吸收水肥的能力也不尽相同，因此连续种植同一种蔬菜会导致土壤养分供给不平衡。例如，叶菜类需氮肥较多、茄果类需磷肥较多，根茎类蔬菜需钾肥较多；种植豆科植物之后，土壤含氮量较高，土质较疏松；十字花科及一些叶菜类蔬菜的根系分泌有机酸，可使土壤中难溶性的磷得以溶解和吸收，因而具有富集磷的功能。另外，有些蔬菜根系的分泌物及产生的一些多余盐类都会残留在土壤中为害自身或下茬作物。连作地块的耕作、施肥、灌溉等方式固定不变也会导致土壤理化性质恶化，肥力下降等情况造成蔬菜产量和品质的损失。

防止连作障碍最好的方法是轮作。轮作是指在同一地块上按一定顺序逐年或逐季轮换种植不同的作物或轮换采用不同的复种方式进行种植。轮作是控制病虫害最实用、最有效的方法之一，是我国传统农业的精华，也是有机农业病虫害调控的基本措施。

轮作要适应市场需求和生产条件，可以根据不同蔬菜品种的特性，合理搭配适宜的轮作品种。

同科蔬菜不宜连作，在同一科作物内，也应根据市场需求及病虫害发生情况合理安排不同种类/品种蔬菜的栽培面积。例如，温室白粉虱嗜食茄子、番茄、黄瓜、豆类，所以上茬为黄瓜、番茄、菜豆，下茬应安排甜椒、油菜、菠菜、芹菜、韭菜等，可有效减轻其为害。另外，不同作物其病虫害在土壤中的存活时间不同，因此，应考虑轮作年限：如番茄，3~5年；豆类（包括菜豆、豌豆、荷兰豆、架豆等）轮作3年以上；甘蓝类4年；白菜2~3年；马铃薯4年以上。一些生长迅速或栽培密度大、生长期长、叶片对地面覆盖程度大的蔬菜，如瓜类、甘蓝、豆类、马铃薯等，对杂草有明显的抑制作用，而胡萝卜、芹菜等发苗缓慢或叶小的蔬菜，易滋生杂草。将这些不同类型的蔬菜进行轮作，可以减轻草害，提高产量。

从土壤肥力的平衡利用角度考虑，应安排需氮肥较多的叶菜类、需磷肥较多茄果类和需钾肥较多的根茎类蔬菜轮作；深根性的豆类、瓜类、茄果类蔬菜，同浅根性的白菜、甘蓝、黄瓜、葱蒜类蔬菜轮作；需肥多的蔬菜与需肥量少的蔬菜轮作，如西兰花—四季豆。另外块根、块茎类蔬菜最忌连作，但此类蔬菜多为垄作，喜疏松土壤，收获后可使土壤疏松熟化，是许多蔬菜的首选前茬。

蔬菜轮作的组合很多，如葱、韭、蒜与葫芦科或茄科作物的轮作或间作；蔬菜与防治线虫作物（如万寿菊）等轮作；蔬菜与绿肥作物轮作等。也可选择病虫害少，可以不用或少用农药的蔬菜进行轮作，例如，薯蓣科的山药、日本薯蓣、芋头，藜科的菠菜、碱蓬，伞形科的胡萝卜，水芹、香芹、芹菜、茴香等，菊科的牛蒡、莴苣、茼蒿，唇形科的紫苏、薄荷，姜科的姜，旋花科的甘薯，百合科的韭菜、大蒜、大葱、洋葱、石刁柏、百合等。

（2）间　作

间作是指将生长季节相近的两种或两种以上的蔬菜成行或成带的相间种植。间作可以建立有利于天敌繁殖，不利于害虫发生的环境条件。

多样化种植对病虫害具有控制效果。将不同抗性的豇豆品种与辣椒、苦瓜、番茄、洋姜等作物间作，与净作模式对照区相比较，对豆荚螟、红蜘蛛、斑潜蝇及白粉病等病虫害发生显著下降。

白菜与葱、菜心与茄子间作，能有效减轻黄条跳甲对白菜、菜心的为害；白菜间作芥菜，白菜上跳甲成虫数量逐渐减少，芥菜上跳甲虫量逐渐增加；芥兰间作萝卜，条跳甲成虫大都转移到萝卜上为害。豇豆田边种植金盏菊，对斑潜蝇有很好的诱集效果，早期叶片受害率达90%以上，利于集中消灭。设施蔬菜生产中，少量西芹与茄科作物间作，可以有效降低白粉虱的种群的扩散与发展。

3. 田园清洁技术

收获后的蔬菜残株不仅是许多病虫害越冬及躲避不良条件的场所，甚至是有些害虫（如小菜蛾）的食物来源。因此，每茬蔬菜收获后，须彻底清园，清除所有残株、落叶，在菜田之外集中销毁，对于恶化病虫害的生活环境，压低种群数量具有十分重要的意义。

此外，如瓜类、萝卜和白菜等蔬菜间苗时，间下的菜苗通常带有大量的菜螟、菜粉蝶、黄守瓜及蚜虫等多种害虫，应该及时带出菜田集中处理，避免出现间苗后虫口密度迅速上升的现象。

（二）物理措施

利用昆虫的趋性进行诱杀或利用防虫网等阻隔害虫清儒，可以对蔬菜起到良好的保护效果。害虫对某些刺激源（如光波、气味等）的定向（趋向或躲避）运动，称之为趋性。按照刺激源的性质又可分为趋光性、趋化性等。利用害虫的各种趋性对其进行诱集消灭，是有机蔬菜生产中的重要植保手段之一。

1. 诱杀技术

（1）灯光诱杀

昆虫易感受可见光的短波部分，并对紫外光中的一部分尤其敏感。灯光诱杀的原理就是根据害虫对光波波长的选择性，利用能发出害虫喜好光波长的灯具，配置捕杀装置，从而达到消灭害虫的目的。常见的诱集灯包括黑光灯和高压汞灯等。

①黑光灯：能够发出多数害虫较敏感的360~400nm光波，诱虫效果良好。

②高压汞灯：200W或450W的高压汞灯，波长为320~580nm，置于开阔地，对斜纹夜蛾、金龟子、蝼蛄、小地老虎等害虫有强烈的诱集作用。

与诱集灯配合的捕杀装置如下。

①水盆式捕杀器：紧靠灯架下方放置一大口径盛水容器（大铁锅、水缸、木盆等）加洗衣粉或少量废机油、废柴油，害虫碰撞挡虫板后即掉入水中溺死。

②高压电网捕杀器：通常为配合黑光灯使用的一种高效杀虫器，采用一定强度的金属导线在灯管两侧作平面栅状排列，通过变压器等原件，可产生几千至上万伏的电压。害虫扑灯触网后即被高压电弧击杀、烧毁，杀虫效率极高。

（2）色板诱杀

许多害虫对颜色具有不同的趋性，利用不同波长的色光制成诱捕器，可以有效防治多种害虫，其诱集作用见表3-5。

表 3-5　色板对蔬菜害虫的诱集作用　　（单位：头/板）

处　理	诱集数量						
	美洲斑潜蝇	番茄斑潜蝇	菜蚜	黄曲条跳甲	小菜蛾	寄生蜂	隐翅虫
黄板加粘蝇纸	380	22	71	1	18	7	52
白板加粘蝇纸	112	9	12	1	22	12	113

①黄板：蚜虫、白粉虱、斑潜蝇等害虫具有趋黄性，其中粉虱、瓜实蝇对550~600nm 的鲜黄色敏感；480~540nm 的橙黄色光对美洲斑潜蝇和南美斑潜蝇有极强的吸引力。

②蓝板：蓟马等缨翅目害虫对蓝光较为敏感，可以利用蓝板进行诱杀。高秆蔬菜如黄瓜、苦瓜等，可在蔬菜行间每 3~5m 悬挂蓝板；矮生蔬菜如番茄、茄子、西葫芦等可在田间按相同密度插蓝板诱杀。蓝板高度以蔬菜中部偏上位置为宜。花蝇科害虫（根蛆）也可以用蓝板或浅绿色板诱杀。

另外，小菜蛾成虫对绿色趋性最强；银色塑料薄膜作为地膜覆盖，对有翅蚜虫、潜叶蝇、黄条跳甲等均有很好的驱避效果。

（3）趋化性诱杀

许多害虫的成虫由于取食、交尾、产卵等原因，对某些植物的挥发性化学物质刺激有着强烈的感受能力，表现出正趋性反应。

新鲜的杨树、柳树、榆树枝把等含有某些特殊的化学物质，对很多害虫具有很好诱集能力。桐树叶可诱杀地老虎；蓖麻和紫穗槐可诱杀金龟子；芥子油的气味诱集菜粉蝶成虫；芥菜诱集小菜蛾。

蛞蝓对于发酵酵母气味有趋性，可以在地表做陷阱，内置啤酒，诱杀蛞蝓。

（4）性诱剂诱杀

利用人工合成的害虫雌性外激素诱捕雄虫，具有高效、专一、无污染、不产生抗药性等特点。性诱剂诱杀主要包括大量诱捕法和交配干扰法。

①诱捕法：在蔬菜田中设置大量的信息素诱捕器诱杀雄虫，导致田间雌雄比例严重失调，减少交配机率，使下一代虫口密度大幅度降低。该法适用于雌雄性比接近于 1∶1、雄虫为单次交尾的害虫，以及虫口密度较低的情况。

②交配干扰法：在充满高浓度性信息素的环境中，雄虫丧失了寻找雌虫的定向能力，致使田间雌雄虫交配机率减少，从而使下一代虫口密度急骤下降。

性诱剂诱杀法目前广泛应用于小菜蛾等害虫的防治，效果明显。

2. 防虫网覆盖技术

防虫网覆盖技术是有机蔬菜生产中重要的植保措施之一。在蔬菜的育苗期或生育期覆盖防虫网，可以起到隔离害虫、遮阳防风等作用，在夏秋高温多雨，病虫害发生严重的季节，效果更加明显。

防虫网的使用方式一般分为棚架式覆盖与浮面式覆盖两种。棚架式覆盖是指将防虫网覆盖在事先搭好的棚架上（包括防虫网室、大棚等），地表用砖、土压严，四周用压膜线固定，留有进出门。棚架式覆盖空间较大，便于人工、机械操作，另外，可在网棚内释放赤眼蜂以及瓢虫、草蛉、捕食螨等天敌，有利于生物防治。

浮面式覆盖是指蔬菜播种后，立即将防虫网全面覆盖在畦面或小拱棚上，四周用土压严密封。浮面式覆盖目前应用较为普遍，尤其在夏秋高温、多雨季节，不仅可以防虫，而且能够起到遮光、保湿、防暴雨冲刷等作用。

防虫网通常是以添加了防老化、抗紫外线等化学助剂的优质聚乙烯、聚丙烯或聚碳酸酯类原料经拉丝织造而成的纱网。需要注意的是，有机农业生产中禁止使用聚氯乙烯类产品，因此，广大生产者在选择防虫网（遮阳网或地膜等农资）时应格外注意。

应根据不同作物及生长季节选择防虫网的幅宽、孔径、丝径、颜色等指标。但首先注意的是孔径。孔径目数小，防虫网网眼大，通风、透光良好，但虫害进入的可能性大，防虫效果一般；孔径目数大，效果相反。因此夏季高温季节可适当选择孔径目数小一些（20~26 目为宜）的防虫网。另外，银灰色防虫网对蚜虫的驱避效果最好。

（三）生物措施

1. 天敌的种类

天敌是一类重要的害虫控制因子，在农业生态系中居于次级消费者的地位。一般来说，天敌分为寄生性和捕食性两大类，主要包括昆虫纲的膜翅目、双翅目、鞘翅目、脉翅目及半翅目等一些类群和蛛型纲的蜘蛛及捕食螨。菜田生态系统中天敌种类十分丰富，常见种类有捕食性的七星瓢虫、异色瓢虫、大草蛉、智利小植绥螨，以及寄生性的广赤眼蜂、玉米螟赤眼蜂、松毛虫赤眼蜂、菜粉蝶绒茧蜂、小菜蛾啮小蜂、丽蚜小蜂和蝶蛹金小蜂等。

2. 天敌的保护

（1）良好生境建设

通过间作和有目的的种植各种菜田边界植物，促进菜田生态系统植被多样化，为天敌提供适宜的环境条件，以及丰富的食物和种内、种间的化学信息联系。良好的生态环境，也有利于减轻喷洒药剂等农事活动对天敌产生的不良影响，这一点对于农事操作频繁，稳定性较差的菜田生态系统而言尤为重要。天敌在这样的生活条件下，自身的种群能够得到最大限度的增长和繁衍。

天敌需补充营养，才能定殖和大量扩繁。在缺少捕食对象时，花粉和花蜜是过渡性食物。另外，某些捕食性天敌在产卵前除了捕食猎物外，还要取食花粉、蜜露等辅助营养物质才能产卵。因此在蔬菜田边适当种一些蜜源植物，能够诱引天敌，提高其害虫防控能力。伞形科的荷兰芹等蜜源植物能招引大量土蜂前来取食，并寄生于当地的蛴螬；唇形科的夏至草可以为早春出蛰的小花蝽提供花粉、花蜜和蚜虫。

（2）野外天敌招引

生物防治有效手段之一是招引、扩繁野外天敌，定向助迁入菜田，即显著降低天敌投入成本又增强天敌在菜田的定殖效果。研究表明许多天敌是通过害虫寄主植物的某些理化特性，如外观，挥发性物质的刺激来寻找害虫的，如草蛉可被棉株所散发的丁子香烯吸引，花蝽可随玉米穗丝散发的气味找到玉米螟和蚜虫。另外，植物的化学物质可帮助捕食性天敌寻找猎物，如色氨酸对普通草蛉有引诱作用，龟纹瓢虫对豆蚜的水和乙醇提取物也有明显的趋向。这些植物、动物间的化学信息流，对自然界天敌的诱集作用十分明显。喷洒人工合成的类似蜜露可以有效诱集相关天敌。

（3）人工协助越冬

由于环境、气候及食物等原因，天敌越冬期间死亡率极高，导致早春数量稀少，很难发挥控制害虫的作用。

中华草蛉是蚜虫、鳞翅目等害虫的重要天敌，以成虫越冬。幼虫捕食害虫，成虫需要依赖昆虫分泌的蜜露和植物的花蜜生活。在我国北方地区，中华草蛉在夏秋季节发生量较大，但由于越冬前蜜源植物不足而大量死亡，因此其控制害虫的作用一般需到翌年6月下旬才能明显体现。研究表明，中华草蛉越冬期间的死亡率与冬前取食时间的长短及取食量密切相关。人工采集越冬前的草蛉，饲喂以研磨粉碎的啤酒酵母干料与食糖的混合物（5∶4）和清水，在无加温设备的室内即可大量越冬。

龟纹瓢虫、异色瓢虫和七星瓢虫等喜欢在背风、向阳的石缝中群集越冬。可以人为保护或创造类似的环境，招引其越冬。也可以在野外寻找瓢虫的越冬地点，人工采集，放入罐头瓶等容器中（1尺①见方的小木盒可装瓢虫2万~3万头），保持0℃左右，相对湿度70%~80%即可安全越冬。另外，还可以专门制作瓢虫招引箱，保护瓢虫安全越冬。招引箱以白色为佳，或在向阳面嵌一块玻璃，可以更好地诱集瓢虫。

3. 天敌的释放

天敌释放是在害虫生活史的关键时期，有计划地释放适当数量天敌产品，

① 1尺≈0.33米，全书同。

发挥其自然控制作用，从而限制害虫种群的发展。

赤眼蜂的田间释放是一项科学性很强的应用技术，必须根据害虫和赤眼蜂的发育生物学和田间生态学原理结合赤眼蜂在田间的扩散、分布规律、田间种群动态及害虫的发生规律等情况，确定赤眼蜂的释放时间、释放次数、释放点和释放量；做到适期放蜂，按时羽化出蜂，使释放后的赤眼蜂和害虫卵期相遇机率达90%以上，才能获得理想的防治效果。

赤眼蜂释放原则如下。

①出蜂期与害虫发生期相一致，即蜂、卵相遇。

②科学计算放蜂量，在释放前正确估算每批赤眼蜂的母蜂数量，预计实际的释放量。

③调查自然界赤眼蜂种群数量。

④在正确掌握赤眼蜂飞翔扩散能力的基础上，综合上述情况制订出田间释放赤眼蜂的有效方案。

赤眼蜂应从害虫产卵期开始释放，放蜂时需注意天气变化，一般选择晴天上午8—9时为宜。害虫世代重叠、产卵期长、虫口密度高时，放蜂次数要适当增加，放蜂量要大。赤眼蜂的有效活动半径较小，10m内寄生效率较高。

菜田放蜂一般每亩设置15个放蜂点，放蜂量掌握在0.5万头左右，隔日放蜂一次，连续5~6次。

（四）药剂措施

有机农业对投入品的要求十分严格，有机蔬菜生产中使用的药剂必须符合有机产品国家标准相关附录的要求。按照来源，该附录中所列的物质主要分为植物源、微生物源及矿物源几大类。

1. 植物源药剂

植物源药剂的有效成分通常为多元的天然物质，而不是人工合成的单一化学物质，因此，其具有分解迅速、环境友好及不易产生抗性等特点。常见的植物源商品药剂包括苦参碱、除虫菊素及鱼藤酮等多种。

（1）苦参碱类

苦参为豆科小灌木，在我国分布较广，其根、茎、叶都具有杀虫效果，有效成分为苦参碱，对红蜘蛛、二斑叶螨、蚜虫、菜青虫、小菜蛾、夜蛾、茶毛虫和粉虱具有良好的防治效果。商品化产品有0.36%及1.0%苦参碱水剂等多种，通常800~1 000倍喷雾，一般安全间隔期5~7d。

（2）除虫菊素类

除虫菊是菊科宿根性草本植物，我国江南各地均有种植，以云南省面积最大。除虫菊干花粉碎后，经过CO_2亚临界或超临界萃取可获得天然除虫菊素，尤其对刺吸类害虫具有较强的触杀作用。杀虫机理为通过作用于害虫钠离子通道（Na^+），引起神经通道的重复开放，导致大量的钠离子进入细胞内，达到杀虫目的。目前商品化产品有5%除虫菊素乳油（溶剂为松节油）和3%除虫菊素微囊悬浮剂，1.5%除虫菊素水乳剂（牙膏用烷基糖苷 APG 为表面活性剂）等，安全间隔期3~5d。通常使用方法为：防治蚜虫、白粉虱、烟粉虱、叶蝉等同翅目害虫，600~800倍液预防；害虫盛发期，400倍喷雾，间隔3d，连续喷洒3次。防治小菜蛾、菜青虫、烟青虫、食心虫、黏虫、斜纹夜蛾等鳞翅目害虫，在虫害孵化初期使用，400~800倍喷雾；虫龄较大时（3龄以上），400倍喷雾，间隔3d，连续喷洒3次；防治韭蛆、蚊子、潜叶蝇、实蝇等双翅目害虫，害虫幼龄期稀释600~800倍喷施；对于韭蛆为害根茎部害虫，稀释200~400倍灌根或地表喷施，注意在韭蛆钻柱茎秆前施药。

（3）鱼藤酮类

鱼藤为多年生豆科植物，藤本或直立灌木，原产亚洲热带及亚热带地区，以印度尼西亚各岛、菲律宾群岛、马来半岛、我国的台湾省和海南省为著名。其杀虫成分是鱼藤酮，对各类蔬菜害虫具极强的触杀效果。杀虫机理主要是影响昆虫的呼吸作用，通过与 NADH 脱氢酶、辅酶 Q 发生作用抑制害虫细胞的电子传递链，从而降低生物体内的 ATP 水平最终使害虫得不到能量供应，最后行动迟滞、麻痹，进而缓慢死亡。目前商品化主要产品有5%鱼藤酮可溶性液剂（成分为5%鱼藤酮和95%食用酒精）等。通常使用方法为：防治蔬菜螨类等抗性较强的害虫，释600倍喷雾，注意叶背喷施为主，兼顾正面，早晚喷施最佳；防治白粉虱、烟粉虱、潜叶蝇、蓟马类害虫，600倍喷雾；防治温室/大棚粉虱时，应在上午揭开草帘之前，白粉虱活动力低时为施药最佳时期；防治黄条跳甲、大猿叶甲、二十八星瓢虫等鞘翅目害虫，400~600倍喷雾，此类害虫一般活泼，善跳跃或飞翔，应在清晨或傍晚温度较低、活跃度差时施药，尽量喷洒到虫体表面。鱼藤酮类药剂安全间隔期为5~7d。

（4）楝科植物类

楝科植物为落叶乔木，具有杀虫效果的包括印楝、苦楝、川楝、南岭楝等，除印楝原产印度，目前已在我国广东省引种成功外，其余三种均广泛分布于我国，野生和栽种面积较大。楝科植物的根、叶和果实中含有各种楝素（如印楝素、苦楝素、川楝素）、生物碱、山萘、酚等物质，苦楝的果实还含有苦味质。这些物质对害虫有忌避、拒食、抑制生长及触杀与胃毒作用，可以防治飞虱、菜青虫、蚜虫等多种害虫，以及白粉病等病害。楝科植物是解决全球化学农药污染最有希望的一类有毒植物。

目前可见商品化制剂为70%印楝油，由印楝种子和树皮经低温冷压榨而成，可封闭堵塞气孔，阻碍害虫呼吸致死，对蔬菜蚜虫、螨虫、锈螨、软疥、粉疥、红蜘蛛，以及黑斑病、白粉病、霜霉病、炭疽病、锈病、叶斑病、灰霉病、疥癣、斑点病、叶枯病等有明显防效；一般稀释100~200倍使用，安全间隔期为3~5d。

（5）蛇床子素类

蛇床子为伞形科植物蛇床的干燥成熟果实。主要成分有蛇床子素、异茴芹素等有祛风、杀虫的作用。目前商品化产品包括1%蛇床子素微乳剂，其主要成分为1%蛇床子素、25%食用酒精和74%水。主治对象为瓜类、小白菜、莴笋、番茄与草莓等白粉病；发病初期喷施800倍液，如发病较重则喷施500倍液，如病情严重可连续喷洒2~3次，间隔3~5d施药一次，叶片正反面均匀喷雾完全润湿至稍有液滴即可。另外，该制剂针对番茄、茄子、黄瓜、草莓等灰霉病、霜霉病和蚜虫有辅助防效。安全间隔期5~7d。

其他如茴蒿、臭椿、苦皮藤等植物也具有一定的杀虫效果。值得注意的是有机蔬菜生产中禁止使用苯、二甲苯等化学试剂为溶剂的乳油类植物源药剂。

（6）天然酸类

天然酸具有优良的杀虫、杀菌效果。除食醋外，天然酸还包括木醋液、竹醋液与稻醋液。它们分别为木材、竹材及其加工剩余物和稻壳热解得到的产物，含有有机酸、酚类、酮类、醛类、醇类及杂环类等近200种成分。其中竹醋液、稻醋液因原料来源广泛、不破坏森林资源，且可溶性焦油含量较低而更具应用前景。

土壤中施用低浓度天然酸，能在短期内激活土壤微生物，提高作物根圈微生物数量，促进蔬菜生长用。高浓度（稀释100倍以下时）天然酸可以抑制生物活性，具有抑菌防病的效果。

研究显示，每立方米育苗/栽培基质中添加竹醋液500mL，或生长期用200倍竹醋液灌根，能够有效地促进黄瓜叶片、茎粗和株高的生长，提高黄瓜产量，而且不会引起黄瓜中硝酸盐含量超标。竹醋液处理育苗基质，会增加基质中细菌的数量，减少真菌的数量，黄瓜苗期用200倍竹醋液灌根，有利于黄瓜根圈有益细菌和放线菌的繁殖。

竹醋液50~100倍液可以有效抑制黄瓜霜霉病孢子囊的萌发，防治田间黄瓜霜霉病的发生。此外，竹醋液与其他植物源药剂配合使用，具有较强的增效作用，当田间蚜虫（尤其是具蜡质的粉蚜等）数量较多时，可在天然除虫菊素中添加200倍竹醋液，其防治效果更加显著。

2. 微生物源药剂

微生物源药剂是指具有杀虫、杀菌活性的活体微生物及其代谢产物，主要分为微生物杀虫剂、微生物杀菌剂和微生物除草剂等。微生物源药剂可对特定的靶标生物起作用，并且可以在自然界中流行，因此具有专一性、安全性、速效性和持久性等特点。用于农林病虫害防治的微生物源药剂包括细菌、真菌、病毒和原生动物等。值得注意的是有机蔬菜生产中禁止使用基因工程修饰过的微生物及其代谢产物。

（1）细菌制剂

苏云金杆菌等细菌源药剂具有一定的广谱性，对鳞翅目、鞘翅目、直翅目、双翅目、膜翅目害虫均有作用，特别是对鳞翅目幼虫具有短期、速效、高效的防治特点。细菌制剂一般从口腔侵入，与胃毒剂用法相似，包括喷雾、喷粉、灌心、颗粒剂、毒饵等。菌剂类别是影响防治效果的关键因素，表现为同一菌剂对不同害虫效果不同，不同变种菌剂对同一害虫效果不同，菌剂质量、环境条件和使用技术因菌剂而异。常见品种有各种 Bt 制剂，一般应选用近期生产的 Bt 制剂，生产日期较久的应酌情增加用量。

（2）真菌制剂

真菌源药剂寄主广泛，杀虫抑菌谱广，白僵菌、绿僵菌对多种害虫有效；虫霉菌能侵染蚜虫和螨类；哈茨木霉对腐霉菌、立枯丝核菌、镰刀菌等病原菌引起的病害具有较好的预防及治疗效果。真菌制剂使用方法包括喷雾、喷粉、拌种、土壤处理、涂刷茎秆或制成颗粒剂等。真菌性杀虫剂对人、畜无毒，对作物安全，但对蚕有毒害，而且侵染害虫时，需要温湿度条件和使孢子萌发的足够水分。

（3）病毒制剂

病毒制剂如颗粒体病毒等，杀虫范围广，对害虫防治效果好且持久，使用病毒制剂大多采用喷雾的方法。病毒制剂在土壤中可长期存活，有的甚至可长达 5 年。

其他如线虫、微孢子虫等微生物源药剂，亦可用于有机蔬菜生产。

3. *矿物源药剂*

矿物源药剂是指来源于未经化学处理的天然矿物质（如石灰、硫黄）、一些金属盐类（如铜盐）及其他一些非化学合成的天然物质（如高锰酸钾、碳酸氢钠、轻质矿物油）等。

（1）无机硫制剂

硫制剂包括硫黄粉、流悬浮剂、晶体石硫合剂及石硫合剂等，对螨类及白粉病防治效果较好。硫黄为黄色固体或粉末，是国内外使用量最大的杀菌剂之一，具有资源丰富，价格便宜，药效可靠，不产生抗药性，毒性低，使用安全等优点；对哺乳动物无毒，对水生生物低毒，对蜜蜂无毒。

（2）矿物油乳剂

矿物油乳剂是由95%轻质矿物油加5%乳化剂加工而成的。机油乳剂对害虫的作用方式主要是触杀，具有物理窒息和减少害虫取食与产卵的作用。

①物理窒息：机油乳剂能在虫体上形成油膜，封闭气门，使害虫窒息而死，或由毛细管作用进入气门微气管而杀死害虫。对于病菌，机油乳剂也可以窒息病原菌或防止孢子的萌发从而达到防治目的。

②减少害虫产卵和取食：机油乳剂能够改变害虫寻找寄主的能力，机油乳剂在虫体上形成油膜，封闭了害虫的相关感触器，阻碍其辨别能力，显著降低产卵和取食危害。机油乳剂同时也在叶面上形成油膜，能够防止害虫的感触器与寄主植物直接接触，令害虫无法辨别是否适合取食与产卵。害虫在与叶面上的油膜接触之后，多数在取食和产卵之前便离开寄主植物。

目前商品矿物油乳剂50倍喷雾对蚜虫防治效果好，100倍喷雾可以防治红蜘蛛，但价格较高，有机蔬菜生产者可以根据需要利用软钾皂作为乳化剂自行配制矿物油乳剂使用。

（3）高锰酸钾

高锰酸钾（$KMnNO_4$）又称灰锰氧，俗称PP粉，具有强氧化性，能使病原微生物失活，作为一种高效广谱的杀菌消毒剂，广泛应用于医疗、畜禽及水产养殖等方面。在有机蔬菜的生产过程中，利用高锰酸钾浸种消毒、喷施及灌根，可以有效防治立枯病、猝倒病、霜霉病、软腐病、青枯病及病毒病等多种病害，同时，它为蔬菜提供锰和钾两种元素，可谓药肥兼用。该药无毒副作用，无残留，不污染环境，可以作为有机蔬菜生产的常备药剂。

高锰酸钾使用方式包括浸种、灌根和喷施等。

①浸种：蔬菜种子经温汤浸种后可于500倍高锰酸钾溶液中浸15min，捞出用清水洗净，阴干后播种，可以防治苗期立枯病、猝倒病等。

②灌根：防治黄瓜枯萎病，于定植后，以1 000倍液灌根，每次每株灌150~200mL，每7d使用一次，连续2~3次。防治苦瓜枯萎病，发病初期，以500倍液灌根，每7d使用一次，连续2~3次。防治辣椒根腐病，在门椒坐果后用高锰酸钾500倍液灌根，每10d使用一次，连续3~4次；如已发病可在发病初期用500倍液灌根，每7d使用一次，连续4次。防治豇豆枯萎病、根腐病，发病初期用600倍液灌根，每7d使用一次，连续4次。

③喷施：叶面喷施500~1 000倍高锰酸钾溶液可以有效防治霜霉病、病毒病、软腐病及青枯病等，通常苗期浓度低于生长后期，预防浓度低于治疗浓度。高锰酸钾防治病害应以7~10d为一个疗程，通常需要连续3个疗程左右。

配制高锰酸钾溶液时，需要注意如下问题：高锰酸钾遇有机物会还原成二氧化锰而失去氧化性，因此配制时一定要使用清洁水，禁止使用污水、淘米水等；高锰酸钾在热水中易分解失效，配制时注意避免使用热水加快其融解速度，且随配随用，忌配后久放；高锰酸钾具有强氧化性，因此称量需精确，配药时需充分溶解，且幼苗期宜采用低浓度，防止造成药害；勿与其他药剂、肥料混用。值得注意的是，过量使用高锰酸钾对土壤微生物区系有一定的影响，因此不应无节制使用。

（4）碳酸氢钠

碳酸氢钠（$NaHCO_3$）即小苏打，其溶液呈碱性。由于白粉病、锈病、霜霉病、炭疽病、叶霉病及晚疫病等多种病害的病原菌在碱性条件下很难生存，因此喷施500倍碳酸氢钠水溶液对上述病害具有较好的防治效果。另外，碳酸氢钠分解后可产生CO_2，弥补了设施栽培中光合作用炭源不足的问题，所以温室、大棚蔬菜内喷施碳酸氢钠溶液，既能防病，又可增产。需要注意的是碳酸氢钠必须在病害刚刚发生时使用，一般隔3d喷施一次，连续5~6次，防治效果较好。

此外，配制、使用碳酸氢钠溶液时须注意如下问题：配制要用清洁水，同时不能使用热水，防止碳酸氢钠分解而失去杀菌功能；随配随用，配后久放效果差；注意不要与其他杀菌剂混用。

第四节　有机蔬菜主要病虫害防治措施

一、主要病害防治技术

（一）十字花科蔬菜病害

1. 软腐病

软腐病病原菌为欧氏杆菌属 *Erwinia carotovora* pv. *Carotovora*，属革兰氏阴性，弱寄生菌，主要引发白菜、甘蓝、萝卜等蔬菜叶球、根部腐烂。该病原菌亦引发伞形科胡萝卜肉质根腐烂，田间及贮藏期均可发病。

（1）症　状

该病主要为害白菜、甘蓝、萝卜等十字花科蔬菜叶球及茎基、根部以及伞形科胡萝卜肉质根等多汁、肥厚器官。初期，叶片组织半透明至水渍状；严重时腐烂，全株倒地，病部因伴随杂菌分解作用产生吲哚而引发腥臭。干燥时，腐烂叶片干枯并呈半透明薄膜状，易破裂。

（2）发病规律

病原菌主要在田间病株、残体、肥料及黄条跳甲等害虫体内越冬，翌年通过昆虫、雨水、灌溉水带菌肥料自伤口或自然孔口侵入。病原菌发育适温 25~30℃。夏季高温多雨、虫害猖獗及农事操作伤口（移栽时机械损伤、中耕或其他原因引起创伤，施药施肥浓度过大导致的烧伤等）会导致病害严重。

（3）防治方法

①与非十字花科蔬菜进行 2~3 年轮作，前茬宜为葱蒜类、辣椒或苜蓿等绿肥作物。

②选择抗性较强的地方品种品种，一般青帮较白帮，疏心直筒形较包心形对于软腐病抗性较强。

③选择土质疏松、深厚的沙土和沙壤土，过湿地块宜采用高畦栽培，便于排灌。

④控制蚜虫、叶甲等害虫，减少农事操作机械损伤伤口。

⑤发病初期喷施 500~800 倍高锰酸钾或氨基酸螯合铜制剂，每 7~10d 使用一次，连续 2~3 次；同时拔除病株带出田间，用生石灰对周围土壤进行消毒。

2. 霜霉病

霜霉病病原菌为鞭毛菌亚门卵菌纲霜霉属真菌 *Peronospora parasitica*，是白菜、萝卜等十字花科蔬菜常见病害，各生育期均可发病，造成苗、叶片枯死。

（1）症　状

该病主要为害白菜、萝卜等十字花科蔬菜叶片，病叶正面初呈水渍状小斑，后扩大受叶脉限制成多角形淡黄至淡褐色病斑，湿度大时，叶片背面出现灰色或杂色霉层。亦可为害种株的花梗、花器、种荚，导致花梗、花器肥大畸形，种荚瘦瘪等。

（2）发病规律

病原菌主要以卵孢子随病残体在土壤中越冬，翌年产生孢子囊借气流、雨水传播。种子带菌可作远距离传播。田间温度 16~22℃，相对湿度高于 70%，病害易于发生；连续降雨、大雾、重露，发病重；莲座期至包心期气候尤为关键。

（3）防治方法

①适时晚播，降低霜霉病等病害的危害。

②选择土质疏松、深厚的沙土和沙壤土，过湿地块宜采用高畦栽培，便于排灌。

③50℃温汤浸种 20~30min。

④发病初期喷施 500~800 倍高锰酸钾或氨基酸螯合铜制剂，每 7~10d 使用一次，连续 2~3 次。

3. 根肿病

根肿病病原菌为鞭毛菌亚门，根肿菌纲芸苔根肿菌 *plasmodiophora brassicae* woron，造成十字花科蔬菜根肿，导致萎蔫、死亡。

（1）症　状

该病主要为害大白菜、小白菜、甘蓝、芥菜、菜薹、榨菜等十字花科蔬菜根部，导致根部瘤形肿大。发病初期植株矮小，生长缓慢，叶片萎蔫（晴天中午前后尤为明显）、严重时，黄化落叶，不能形成产品器官以致全株枯死。

（2）发病规律

病原菌以休眠孢子囊在土壤中越冬，翌年借雨水、灌溉水、昆虫及农具传播；发育适温 20~24℃。田间相对湿度 50%~70%，pH 值≤7.0 易于发病。

（3）防治方法

①与非十字花科蔬菜进行 2~3 年轮作，前茬宜为葱蒜类、辣椒或苜蓿等绿肥作物。

②酸性土壤可结合整地，施用石灰 50~100kg/667m^2，保持土壤 pH 值大于 7。

③播种时开沟或随种施入 1kg/667m^2 哈茨木霉（10×10^8 个活孢子/g）。

④发病初期喷施 500~800 倍高锰酸钾或氨基酸螯合铜制剂，每 7~10d 使用一次，连续 2~3 次；同时拔除病株带出田间，用生石灰对周围土壤进行消毒。

4. 菌核病

菌核病病原菌为子囊菌亚门核盘菌属菌属真菌 *Sclerotinia sclerotiorum* (Lib.) de Bary，主要为害白菜（大白菜、普通白菜）、菜薹、油菜等十字花科蔬菜，亦为害葫芦科、豆科及菊科等蔬菜。田间及贮藏期均可发病。

（1）症　状

该病主要为害白菜、菜薹、油菜等十字花科蔬菜，以及黄瓜、菜豆、莴苣等。病株初期无明显症状，后茎秆现浅褐色凹陷病斑，严重时致皮层朽腐，纤维散离，茎腔中空，内生黑色鼠粪状菌核；高湿条件下，病部表面生长白色棉絮状菌丝体和黑色菌核。受害蔬菜发育不良，植株矮小，受害严重的茎秆折断，全株枯死。

（2）发病规律

病原菌主要以菌核混在土壤中或附着在采种株、混杂在种子间越冬或越夏，春、秋多雨潮湿季节菌核萌发，产生子囊盘释放子囊孢子，借气流传播，经花、衰老叶或伤口侵入为害。后期病部生出菌丝和菌核，在田间通过菌丝在病、健组织接触再侵染。菌丝生长发育和菌核形成适温 0~30℃，最适温度

20℃，最适相对湿度85%以上；潮湿土壤中菌核能存活1年，干燥土中可存活3年。

（3）防治方法

①与非十字花科蔬菜进行2~3年轮作，前茬宜为葱蒜类、辣椒或苜蓿等绿肥作物或进行水旱轮作。

②收获后及时翻耕土地，把子囊盘埋入土中12cm以下，使其不能出土；合理密植；科学施用腐熟有机肥，合理控施氮肥，增施磷钾肥。

③播种时开沟或随种施入1kg/667m^{2}哈茨木霉（10×10^8个活孢子/g）。

④发病初期喷施40%硫悬浮剂500~600倍液或氨基酸螯合铜制剂，每7~10d使用1次，连续2~3次；同时拔除病株带出田间，用生石灰对周围土壤进行消毒。

5. 病毒病

病毒病俗称“孤丁病”，病原物包括CMV、TuMV、RMV等，为十字花科蔬菜尤其是大白菜主要病害，病株矮化、叶片畸形，且易引发霜霉病、软腐病等，危害极大。

（1）症　状

该病主要为害白菜、菜心、萝卜、甘蓝等十字花科蔬菜，各生育期均可发病。苗期发病，出现花叶、皱缩、心叶畸形等。成株期病株矮缩，叶片现花叶，叶脉产生褐色坏死斑点或条纹，植株矮小，难以包心，外包叶内部叶片上有大量黑褐色坏死斑。

（2）发病规律

病原物主要通过蚜虫（桃蚜、棉蚜、甘蓝蚜、萝卜蚜等）等刺吸类害虫传播；高温干旱、地温高且持续时间长易发病；苗期特别易感病；播种早，毒源或蚜虫多，管理粗放，土壤干燥、缺水缺肥时发病重。

（3）防治方法

①选择抗性品种；适时晚播，避开蚜虫发生高峰。

②防治蚜虫、跳甲等害虫，田间铺银灰色膜或插银箔板（大小50cm×10cm，距地30cm，间隔2m）驱蚜；喷施除虫菊素600~800倍防治蚜虫，5%鱼藤酮400~600倍防治跳甲。

（二）茄科蔬菜病害

1. 叶霉病

叶霉病病原菌为属半知菌亚门褐孢霉属真菌 *Fuliva fulva*（Cooke）Cif. 主要为害番茄、西瓜等作物，为番茄主要病害。

（1）症　状

该病主要为害番茄叶片，嫩茎、果实亦可受害。病叶初呈淡绿色病斑，后期叶背出现灰色至黑色霉层，正面可见不规则黄色病斑，通常下部叶片先发病，逐渐向上蔓延，严重时霉层布满叶背，叶片卷曲，整株叶片呈黄褐色干枯；亦为害嫩茎和果柄，导致花瓣凋萎或幼果脱落；果实发病，果蒂附近或果面上出现黑色斑块，硬化凹陷，不能食用。

（2）发病规律

病原菌以菌丝体/块随病残组织在土壤中越冬，亦能以分生孢子附着于种子表面或以菌丝潜伏于种皮内越冬。翌年分生孢子借助气流传播蔓延；温度22℃左右，相对湿度90%以上或夜间叶面有水膜时，易发病；相对湿度低于70%、气温高于30℃时明显抑制病害发生。

（3）防治方法

①选择抗性品种，与非茄科蔬菜进行3年以上轮作，以降低土壤中菌源基数。

②收获结束后，彻底清除残株集中园外销毁；病害严重棚室，按250g/100m² 硫黄粉加500g锯末，拌匀分放几处，点燃后熏闷1夜，散晾1d以上进行消毒。

③52℃温汤浸种30min，洗净晾干后催芽，防治叶霉病等病害。

④设施栽培可适当加大行距，采用膜下滴灌，选用无滴棚膜，合理放风，及时打叉摘除老叶等控制棚室湿度及叶面结露时间。

⑤发病初期，选择晴天中午，保持36℃左右闷棚2h左右，然后通风降温，闷棚前注意浇足水。

⑥发病初期喷施500倍碳酸氢钠水溶液，每3d使用一次，连续5~6次；喷施500倍氨基酸螯合铜制剂每7~10d使用一次，连续2~3次。

2. 灰霉病

灰霉病病原菌为半知菌亚门，核盘菌科灰葡萄孢菌 *Botrytis cinerea* Pers.，导致番茄、茄子、甜椒、黄瓜等蔬菜幼果腐烂，危害极大。

（1）症　状

该病主要为害番茄、茄子、甜椒等茄科蔬菜以及黄瓜等葫芦科蔬菜，茎、叶、花、果均可受害，但主要为害果实，通常以（番茄）青果发病较重。病原菌多自凋谢花器侵入，为害幼果，病部初呈水渍状小斑，后期出现灰色霉层，导致幼果腐烂。叶片感染，多从叶尖开始，病斑沿支脉“V”形向内扩展，亦为害茎部。

（2）发病规律

病原菌主要以菌核随病残体在土壤中越冬、越夏，翌年产生分生孢子借气流、雨水及农事操作传播；温度16~23℃，相对湿度在90%以上，适宜发病；

春季气温低或“倒春寒”及连阴雨多，棚室内湿度大，发病严重。

（3）防治方法

①选择抗性品种，通常大红硬果番茄较粉红果番茄抗性强。

②与非茄科作物进行3年以上轮作。

③设施栽培需适当加大行距，采用膜下滴灌，选用无滴棚膜，合理放风，及时打叉摘除老叶等控制湿度。

④花后1周彻底摘除幼果上的花瓣、柱头；及时摘除下部老叶、病叶，并装入塑料袋内集中园外。

⑤发病初期喷施 3×10^8 个活孢子/克哈茨木霉菌300倍液；1%蛇床子素水剂500~800倍液，3~5天施药一次，连续2~3次，安全间隔期5~7d。

3. 早疫病

早疫病病原菌为半知菌亚门，链格孢属真菌 *Alternaria solani*，茄科蔬菜主要叶片、果实病害，危害极大。

（1）症 状

该病主要为害番茄、茄子、甜椒及马铃薯等茄科蔬菜，叶片、茎部及果实均可受害。病叶初呈褪绿斑，后期现圆形或不规则灰褐斑，具同心轮纹；茎部病斑多梭形或椭圆形，灰褐色；果实病斑多在蒂部，为深褐色近圆形凹陷，后期出现黑色霉状物，导致果实开裂、脱落。

（2）发病规律

病原菌以菌丝体及分生孢子随病残体在田间或在种子上越冬，翌年产生大量分生孢子，借气流、雨水传播。病原菌发育适温26~28℃，田间连续几天相对湿度大于70%，易流行。结果盛期较易发病；老叶发病重；肥力不足，植株生长衰弱或地势低洼、排水不良，田间湿度大时易于发病。

（3）防治方法

①抗性品种，通常早熟品种、窄叶品种发病偏轻，晚熟、大叶品种发病偏重。

②与非茄科蔬菜进行3年以上的轮作；收获结束后，彻底清除残株集中园外销毁。

③种子消毒52℃温汤浸种30min或70℃干热处理72h，催芽、播种。

④设施栽培需适当加大行距，采用膜下滴灌，选用无滴棚膜，合理放风，及时打叉摘除老叶等控制湿度。

⑤发病初期喷施500倍氨基酸螯合铜制剂每7~10d使用一次，连续2~3次。

4. 晚疫病

晚疫病病原菌为鞭毛菌亚门疫霉属真菌 *Phytophthora infestans*，茄科蔬菜主要病害，导致茎部腐烂、植株萎蔫及果实变褐色，危害极大。

（1）症　状

该病主要为害番茄、茄子、甜椒及马铃薯等茄科蔬菜，叶片、茎部及果实均可受害。病叶初呈暗绿色水渍状斑点，后转为淡绿色至褐色；病斑圆形或不规则，边缘不明显，潮湿时病健交界处出现一圈白色霉层。茎部病斑深褐色；果实病斑深褐色，不规则，潮湿时出现稀疏的白色霉状物。

（2）发病规律

病原菌以菌丝、孢子囊随病残体在土壤中越冬，翌年借气流、雨水及农事操作等传播。病原菌发育适温 24℃，孢子萌发需要高湿条件，18~22℃，相对湿度 100%时最利萌发。温度适合时，旬平均相对湿度大于 75%超过 3 次，易大流行。田间地势低洼、排水不良，土壤瘠薄或偏施氮肥，栽植过密等，易于发生病害。

（3）防治方法

①抗性品种；与非茄科蔬菜进行 3 年以上的轮作；收获结束后，彻底清除残株集中园外销毁抗性品种。

②设施栽培需适当加大行距，采用膜下滴灌，选用无滴棚膜，合理放风，及时打叉摘除老叶等控制湿度。

③及时去除、销毁中心病株；收获结束后，彻底清除残株集中园外销毁。

④清洁田园：番茄、黄瓜、辣椒、芹菜等作物收获后，彻底清除病株、病果，减少初侵染源。同时立即施杀菌农药和连续消毒，防止病害蔓延。

⑤发病初期喷施 500 倍氨基酸螯合铜制剂每 7~10d 使用一次，连续 2~3 次。

5. 黄萎病

黄萎病俗称“半边疯”，病原菌为半知菌亚门轮枝孢属真菌 *Verticillium dahliae* Kleb.，茄科蔬菜主要病害，尤其对茄子危害极大，可导致绝收或毁种。

（1）症　状

该病主要为害茄子、番茄马铃薯等茄科蔬菜，苗期至坐果期均可发病。发病多自下而上，或从一边向全株发展：最初病叶缘、叶脉变黄，干旱或晴天中午前后萎蔫，早晚恢复正常；后期叶片黄褐上卷，最后萎蔫、脱落，病部可见维管束变褐。病株矮小，株形不舒展，果小，长形果有时弯曲等畸形。

（2）发病规律

病原菌以休眠菌丝体、厚垣孢子和微菌核随病残体在土壤、种子中越冬，翌年借助气流、雨水及农事操作等传播。带病种子可作远距离传播。病原菌发育适温 19~25℃；地势低洼、管理不当（施用未腐熟的有机肥、定植过早、移栽过深或伤根多、棚室灌水后未及时放风等）及连作地块发病重。

（3）防治方法

①选择抗性较强的地方品种，通常叶片较长，叶缘缺刻，叶面茸毛多，叶色深的品种相对较耐黄萎病。

②与非茄科蔬菜实施4年以上轮作，前茬为葱蒜类效果较好。

③发病地块可于夏季空茬期选择炎热少雨的晴天，先将田块表土层耕翻耙碎并喷水至湿润，然后覆盖地膜（黑色最佳）10~15d，即可减轻黄萎病发生。

④55℃温汤浸种15min（如种子在采种时直接取下，浸种前先在纯碱溶液中搓洗除去种子表面黏胶物，效果更好。）或70℃恒温干热条件下处理72h，然后催芽播种。

⑤以托鲁巴姆、赤茄等为砧木进行嫁接；嫁接应以劈接法和靠接法为宜，嫁接苗定植，接口处须高于地面，以防黄萎病再次侵染。

⑥10cm地温稳定在15℃以上时开始定植；低温季节避免浇冷水；发现病株及时清除；收获后彻底清除病残体集中园外销毁。

⑦发病初期喷施高锰酸钾500~800倍液或500倍氨基酸螯合铜制剂，每7~10d一次，连续2~3次。

6. 绵疫病

绵疫病俗称“水烂病”，病原菌为鞭毛菌亚门疫霉属菌真菌 *Phytophthora parasitica*，导致茄科蔬菜果实大量腐烂，对茄子危害尤其严重。

（1）症　状

该病主要为害茄子、番茄等茄科蔬菜，全生育期内均可发病。病部初呈水浸状，圆形或椭圆形褐色斑，潮湿时病斑迅速扩大，表面布满白色絮状霉层，内部腐烂；主要为害果实（实尤以下部老果为甚），茎、叶、花器亦受害。

（2）发病规律

病原菌以卵孢子随病残体在土壤中越冬，翌年卵孢子产生芽管直接侵入寄主，或由菌丝产生的孢囊梗、孢子囊借气流、雨水传播形成再侵染。病原菌发育适温30℃，相对湿度大于90%，菌丝生长旺盛。高温多雨季节，田间湿度大此病易流行。

（3）防治方法

①选择抗性较强的地方品种，通常圆茄系较抗绵疫病。

②与非茄科蔬菜实施3年以上轮作，前茬为葱蒜类效果较好。

③50~55℃的温水浸种10min，催芽播种。

④设施栽培需适当加大行距，采用膜下滴灌，选用无滴棚膜，合理放风，及时打叉摘除老叶等控制湿度。

⑤发病初期喷施500倍氨基酸螯合铜制剂，每7~10d一次，连续2~3次。

7. 疮痂病

疮痂病病原菌主要为黄色单胞杆菌属细菌 *Xanthomonas vesicatoria*，主要为害甜椒、番茄等，幼叶、嫩茎及幼果均可发病。

（1）症　状

该病主要为害甜椒幼叶、嫩茎及幼果。病叶出现疮痂状隆起的小黑点，导致落叶；茎部病斑水渍状，条形，严重时隆起成疮痂状纵裂；病果产生近圆形稍隆起的黑色疮痂斑，边缘裂口，潮湿时有菌浓溢出。

（2）发病规律

病原菌附着于种子表面亦可随病残体在田间越冬。病原菌在土壤中可存活1年以上，带菌种子可作远距离传播。翌年从气孔或伤口侵入，在细胞间繁殖，致使寄主表皮组织增厚形成疮痂状，病菌通过气流、雨水或昆虫传播蔓延。病原菌发育适温27~30℃，相对湿度大于80%；暴风雨利于传播与侵染，雨后天晴极易流行，高温多雨季节发病重；土壤偏酸，种植过密，生长不良田块，发病重。

（3）防治方法

①选择抗性较强的地方品种；与非茄科蔬菜实施3年以上轮作，前茬可选择十字花科、豆科等蔬菜。

②55℃温汤浸种20min；清水浸种10h，再置于100倍硫酸铜溶液浸泡5min，用清水反复冲洗干净，然后催芽播种。

③选择地势较高，排灌良好的田块，采用深沟高畦栽培；合理密植及时打掉下部老叶；提倡膜下滴灌等，降低湿度。

④采收后应及时清除田园病残体，集中园外销毁。

⑤发病初期喷施800倍高锰酸钾水溶液或500倍氨基酸螯合铜制剂，每7~10d使用一次，连续防治2~3次。

8. 炭疽病

炭疽病病原菌主要为半知菌亚门辣椒刺盘孢属真菌 *Colletotrichum capsici*，是甜椒与辣椒生产主要病害。

（1）症　状

该病主要为害甜椒与辣椒，以果实受害为主，叶片及嫩茎亦可发病。病部呈水渍状近圆形病斑，中央凹陷，具同心轮纹排列的小黑点，潮湿时分泌红色黏稠物质。

（2）发病规律

病原菌以菌丝体、拟菌核等随病残体于土壤中或附着种子内越冬，翌年多从寄主的伤口侵入，产生分生孢子借助气流、雨水及昆虫传播进行重复侵染。病原菌发育温度12~33℃，最适温度27℃，相对湿度95%左右；高温高湿利于病害流行，相对湿度低于70%，不易发病；田块排水不良，种植过密，或果实受伤（日灼等）等易诱发该病。

（3）防治方法

①选择抗性较强的地方品种；与非茄科蔬菜实施3年以上轮作，前茬以葫芦科、豆科等蔬菜为宜。

②55℃温水浸种10min；清水浸种10h，再置于100倍硫酸铜溶液浸泡5min，用清水反复冲洗干净，然后催芽播种。

③易涝地块高畦深沟种植，采用膜下滴灌等措施降低湿度；合理密植，保持封行不郁闭，果实不暴露；及时采果，避免老果发病；及时摘除田间病果，收获后病残体集中园外销毁。

④发病初期喷施500倍氨基酸螯合铜制剂，每7~10d使用一次，连续防治2~3次。

（三）葫芦科蔬菜病害

1. 霜霉病

葫芦科霜霉病病原菌为鞭毛菌亚门假霜霉属属真菌 *Pseudoperonospora cubensis*，以设施栽培黄瓜受害最为严重，俗称“跑马干”，发病重，传播快，常导致毁灭性的损失。

（1）症　状

该病主要为害黄瓜、西葫芦等葫芦科蔬菜，以叶片为主，茎部等亦可发病。病叶初呈水渍状斑点，扩大后受叶脉限制，形成多角形黄褐色斑。潮湿时，叶背病斑上出现灰褐色或紫黑色霉层。

（2）发病规律

病原菌主要以孢子囊在病叶上越冬，翌年通过气流、雨水或害虫（黄守瓜）传播，从寄主气孔或直接穿过表皮侵入。该病为活体专性寄生菌，主要侵害功能叶片，幼嫩叶片和老叶受害少。病害流行温度20~24℃，孢子囊萌发适温15~22℃；低于15℃或高于28℃，不易于发生病害，相对湿度低于60%不产生孢子囊。结瓜期连阴多雨，高湿，设施内结露时间长，病害易流行；通风不良、氮肥缺乏地块发病重。

（3）防治方法

①选择抗性品种，津优黄瓜对霜霉病、白粉病抗性较强。

②与葫芦科蔬菜实施2~3年轮作。

③55℃温汤恒温浸种20~30min，25~30℃下浸泡1~3h后，用湿纱布包裹

催芽。

④设施栽培可于定植前进行硫黄熏蒸：将硫黄粉与锯末（每立方米用硫黄4g+锯末8g）混匀，分置于几个小花盆内点燃熏蒸1夜。熏蒸时温棚室内不能有任何绿色植物，金属骨架不适合此法消毒（有腐蚀）。

⑤晴天中午闷棚，生长点部位温度迅速升到42~45℃，保持2h以钙化病斑，然后多点放风，慢慢降温，当降至25℃时再闭棚，10d左右可再处理一次。注意闷棚1d必须浇水，闷棚前将温度计校正准确，悬挂于与黄瓜生长点平行的位置。

⑥高畦覆膜栽培，定植后采用膜下暗灌或滴灌，注意排水、除湿。

⑦发病初期，喷施100~200倍70%印楝油，安全间隔期为7d。

2. 白粉病

白粉病病原菌为子囊菌亚门单丝壳属专性弱寄生真菌 *Sphaerotheca fuliginea*，为西葫芦蔬菜主要病害。

（1）症　状

该病主要为害黄瓜、西葫芦、南瓜等葫芦科蔬菜及豆科蔬菜，叶片受害为主，嫩茎亦可发病。病叶正面、背面初生白色粉状小霉斑，扩展后白色病斑连片，布满全叶（全叶出现白色霉层），后期病斑上产生小黑点，叶片变黄干枯。

（2）发病规律

病原菌主要以菌丝体和分生孢子或闭囊壳（寒冷地区）在寄主上越冬或越夏，翌年产生分生孢子借气流进行传播。发病适温16~24℃，最适相对湿度为75%；温度高于30℃，湿度超过95%，则病情受到抑制；通风不畅，生长不良地块发病重。

（3）防治方法

①选择抗性品种，津优黄瓜对抗霜霉病、白粉病抗性较强。

②与葫芦科蔬菜实施2~3年轮作。

③设施栽培可于定植前进行硫黄熏蒸：将硫黄粉与锯末（每立方米用硫黄4g+锯末8g）混匀，分置于几个小花盆内点燃熏蒸1夜。熏蒸时温棚室内不能有任何绿色植物，金属骨架不适合此法消毒（有腐蚀）。

④高畦覆膜栽培，定植后采用膜下暗灌或滴灌，注意排水、除湿。

⑤发病初期，喷施100~200倍70%印楝油，安全间隔期为7d。喷施碳酸氢钠500倍液，隔3d喷施一次，连续4~5次。

3. 细菌性角斑病

细菌性角斑病病原物为薄壁菌门假单胞菌属细菌 *Pseudomcnas syringae* pv. *lachrymans*，主要为害黄瓜叶片及瓜条。

（1）症　状

该病主要为害黄瓜、西瓜等葫芦科蔬菜，亦为害豆角、甜柿等豆科、茄科蔬菜。叶部病斑初呈浅绿色水渍状小点，扩大后受叶脉限制成多角形；潮湿时，叶背出现白色菌脓，干燥时病斑开裂穿孔。黄瓜嫩茎及瓜条病斑初呈近圆形水渍斑，后转淡灰色，中部常具裂纹，潮湿时产生菌脓；果实后期腐烂，有臭味。

（2）发病规律

病原菌主要附着于种子上或随病残体在土壤中越冬，翌年初侵染病斑上的菌脓又借雨水、灌溉水、昆虫或农事操作等传播途径进行再侵染。病原菌由自然孔口（潜育期较长，约7~10d）或伤口（潜育期较短，仅2~5d）侵入。病原菌发育适温25~28℃，18~26℃宜于发病，如果低于15℃或高于30℃则不易于发病；适宜相对湿度为75%以上，湿度越大，发病越重；昼夜温差大，结露重地块发病重，春秋多雨季节病害易流行。

（3）防治方法

①选择抗性品种，中农系列黄瓜对细菌性角斑病抗性较强。

②与非葫芦科蔬菜实施2~3年轮作。

③将含水量10%以下的干种子70℃恒温处理72h。

④设施黄瓜拉秧后，每亩施石灰50~100kg和铡碎稻草500~1 000kg，深翻土壤30~50cm，混匀，打高畦灌水并保持水层，覆盖地膜，密闭温室15~20d，可以防治枯细菌性角斑病、根结线虫等病害。

⑤高畦覆膜栽培，定植后采用膜下暗灌或滴灌，注意排水除湿。

⑥发病初期喷施500倍氨基酸螯合铜制剂，每7~10d使用一次，连续防治2~3次。

（四）其他蔬菜病害

1. 锈　病

锈病病原菌为担子菌亚门单孢锈菌属真菌，包括疣顶单胞锈菌 *Uromyces appendiculatus*（菜豆锈病）及豇豆单胞锈菌 *Uromyces vignae*（豇豆锈病）等。

（1）症　状

该类病害主要侵染豆科蔬菜，中下部老叶受害严重，叶柄、茎及豆荚亦可发病。病叶初生黄白色斑点，后扩大为黄褐色隆起病斑，破裂后散发红褐色粉状物，生长后期病斑黑色（冬孢子堆），破裂后散发黑色粉状物；病斑以叶背居多。

（2）发病规律

病原菌主要以冬孢子随病残体在土壤中越冬，翌年产生担孢子借气流传播侵染，在叶片背面生成锈孢子、夏孢子，夏孢子借气流传播，进行重复侵染；高温、高湿利于发病。高温、多雨、雾大、露重、天气潮湿极有利于锈病流行。菜地低洼、土质黏重、耕作粗放、排水不良，或种植过密，插架引蔓不及时，田间通风透光状况差，及施用过量氮肥，均易于锈病发生。

（3）防治方法

①选择抗性品种，通常矮生品种较蔓生品种抗性强。

②与非豆科蔬菜实施2~3年轮作。

③易涝地块起垄栽培，适当稀植；设施栽培采用膜下暗灌；调整播期，避开锈病发生高峰。

④及时摘除失去功能的病老叶片，发现病株立即拔除，田外销毁。

⑤发病初期喷施500倍碳酸氢钠水溶液，每3d使用一次，连续5~6次；喷施500倍氨基酸螯合铜制剂，每7~10d使用一次，连续防治2~3次。

2. 煤霉病

煤霉病病原菌为半知菌亚门真菌菜豆假尾孢菌 *Pseudocercospora cruenta*，豇豆等豆科蔬菜主要叶部病害，引发大量落叶。

（1）症　状

该病主要为害豇豆等豆科蔬菜，病叶两面初呈红色至紫褐色小点，后扩大为直径0.5~2.0cm近圆形或多角形斑，病健交界不明显；湿度大时病斑表面密生煤烟状霉层，叶背较明显，收获前发病最重。

（2）发病规律

病原菌以菌丝体及分生孢子随病叶越冬，翌年产生分生孢子借气流传播，通过芽管自气孔侵入为害。发育温度7~35℃，最适温度30℃，抗逆性较强。高温高湿有利发病，6~7月多雨发病严重。植株下部成熟、衰老叶片发病重。

（3）防治方法

①选择抗病品种；与非豆科蔬菜实施2~3年轮作。

②易涝地块起垄栽培，适当稀植；设施栽培采用膜下暗灌；夏（秋）露地播种宜选较凉爽地块种植或者与小白菜、大蒜等间作套种。

③发病初期喷施500倍氨基酸螯合铜制剂，每7~10d使用一次，连续防治2~3次。

3. 黑腐病

黑腐病病原菌为半知菌亚门，链格孢属真菌 *Alternaria radicina*，是胡萝卜生长及贮存期主要病害。

（1）症　状

该病主要为害胡萝卜肉质根、叶片、叶柄及茎，苗期至采收期或贮藏期均可发生。叶片病斑近圆形，暗褐色，严重时导致枯死；茎上病斑多为梭形或长条形，边缘不明显；肉质根染病多于根头形成不规则或近圆形的凹陷黑色斑，严重时内部腐烂变黑；潮湿条件下，病斑表面密生黑色霉状物。

（2）发病规律

病原菌主要以分生孢子或菌丝体在肉质根或病残体上越冬，翌春产生分生孢子借气流、雨水传播，进行再侵染；高温、高湿、植株过密，利于发病。肉质根膨大期，若遭受地下害虫为害，造成伤口多及植株生长衰弱，也有利于病菌的侵染。窖贮胡萝卜多因残叶病株清除不净、带菌贮藏造成烂窖。

（3）防治方法

①选择抗性品种，避免与茄科、十字花科、葫芦科、伞形科蔬菜连作，与葱蒜类蔬菜及禾本科作物进行2~3年轮作。

②50℃温汤浸种30min或60℃下干热处理6h。

③选地势高燥、通风、排水良好的地块种植；发病初期及时清除病叶、病株，病穴撒石灰消毒；防治蚜虫、跳甲，减少农事操作（如收获）时的机械损伤。

④窖贮前彻底清除窖内杂物，贮存时取新鲜河沙填充胡萝卜间，并严格去除病株。

⑤发病初期喷施500倍氨基酸螯合铜制剂，每7~10d使用一次，连续防治2~3次。

4. 叶枯病

叶枯病病原菌为半知菌亚门壳霉目真菌 *Septoria lactucae*，为莴苣等菊科蔬菜主要叶部病害。

（1）症　状

该病主要为害莴苣等菊科蔬菜，叶部病斑深褐色，不规则，直径约2~5mm，表面散生黑色小颗粒，后期病组织脱落呈穿孔状。下部老叶通常先发病。

（2）发病规律

病原菌以分生孢子器在病叶上越冬，翌年产生分生孢子借雨水传播；连作、排水不良田块发病重。

（3）防治方法

①选择抗性品种；与瓜类等非寄主蔬菜实行2~3年轮作。

②起垄栽培，及时排出田间积水；合理密植，保持通风透光。

③发病初期及时拔除中心病株；收获后将病残体彻底清除并集中园外销毁。

④发病初期喷施500倍氨基酸螯合铜制剂，每7~10d使用一次，连续防治2~3次。

二、主要虫害防治技术

（一）刺吸类害虫

1. 蚜　虫

蚜虫属同翅目蚜科，成虫、若虫刺吸为害，分泌蜜露影响蔬菜品质，为蔬菜生产主要害虫。

（1）形态特征

几种蔬菜常见蚜虫形态特征见表3-6。

表3-6　几种蔬菜蚜虫形态特征

名　称	体长（无翅胎生雌蚜）	体　色	腹管、尾片特征
桃　蚜	约2mm	黄绿色或洋红色	腹管长筒形，长为尾片的2~3倍，尾片两侧各具3根曲毛
萝卜蚜	约2.3mm	灰绿至墨绿色，被薄粉	腹管较短，其末端达尾片基部，尾片两侧各有4~6根长毛
甘蓝蚜	2.5mm左右	暗绿色，被白色蜡粉	腹管短于尾片，尾片近似等边三角形，两侧各有长毛2~3根
瓜　蚜	1.5~1.9mm	黄绿至深绿色，覆薄蜡粉	腹管圆筒形，黑色，尾片两侧各具毛3根

（2）生物学特性

桃蚜、萝卜蚜和甘蓝蚜主要为害十字花科蔬菜，喜食白菜、萝卜、甘蓝、花椰菜、芥蓝、卷心菜等；年发生多代，以无翅孤雌蚜（桃蚜）或卵（萝卜蚜、甘蓝蚜）在温室蔬菜、留种蔬菜及田间隐蔽处越冬，翌年春季产生有翅蚜，迁飞菜田为害，发育适温15~26℃。甘蓝蚜偏嗜叶片光滑、蜡质较厚的蔬菜，春茬或秋茬甘蓝、花椰菜栽培面积大时，易爆发。

瓜蚜寄主主要包括葫芦科、豆科、茄科、十字花科、锦葵科等蔬菜，以黄瓜、南瓜、西葫芦等瓜类受害较重；年发生多代，以卵越冬，温室中可以周年繁殖；发育适温16~22℃。

总体而言，高温高湿不利于蚜虫繁殖；对黄色有强烈趋性，对银灰色呈负趋性。

（3）防治方法

①合理掌握播期，以避开蚜虫为害高峰期；夏季适当减少十字花科蔬菜栽培面积。

②结合春菜收获，清洁田园，彻底铲除田内外杂草，及时处理残株败叶，

以减少虫源；结合间苗去掉带虫苗等，减少田间蚜量及危害。

③利用防虫网育苗或生产。蔬菜苗期及有翅蚜迁飞期，苗床或田间铺设银灰色塑料膜，驱避蚜虫；菜田按照每亩60块数量设置黄板诱杀蚜虫，悬挂在距作物顶端20cm处，方向与作物畦面同向；黄板粘满害虫后，及时更换。

④重视有机菜田生态环境建设，保护并释放瓢虫、蚜茧蜂、小花蝽、草蛉等天敌；发生初期异色瓢虫按照每667m^2 50~60张卵卡（>20粒卵/卡）防治蚜虫。

⑤发生初期喷施70%印楝油稀释100~200倍，安全间隔期为7~10d；天然除虫菊素600~800倍喷雾。注意提早防治，重点在心叶和叶背；蚜虫数量多时，可添加200倍竹醋液或软钾皂液，效果更好。

2. 烟粉虱

烟粉虱属同翅目粉虱科，成虫、若虫刺吸为害，传播病毒，为蔬菜生产主要虫害。

（1）形态特征

①成虫：体长约0.9mm，翅展2.1mm，雌虫略大；体淡黄色到白色，前翅脉无分叉，左右翅合拢成屋脊状。

②蛹：蛹壳边缘扁薄或自然下陷，无周缘蜡丝。

（2）生物学特性

该虫主要为害茄科、豆科、菊科葫芦科及十字花科蔬菜，喜食茄子、番茄、甜椒、菜豆、莴苣、黄瓜、芥蓝、甘蓝、花椰菜等；年发生多代，以各种虫态在温室内越冬。成虫具趋嫩性，产卵于作物顶部的嫩叶，若虫及伪蛹覆厚蜡层，难于药剂防治；较温室白粉虱耐高温。

（3）防治方法

①合理轮作，上茬可选择较耐低温且粉虱类害虫不喜食的伞形科、百合科的蔬菜如芹菜、韭黄等与黄瓜、番茄进行轮作。

②适时播种，粉虱类害虫的发生高峰在秋季。设施蔬菜应合理安排播期，进行秋季延迟栽培或秋冬茬栽培、越冬茬栽培或春季早熟栽培，避开粉虱类害虫的发生高峰。

③培育“无虫壮苗”，利用防虫网育苗，秋季选用24~30目的防虫网，全程覆盖育苗，不仅可以防虫，还有遮阳、防暴雨冲刷的作用。加强苗期管理，把育苗棚和生产棚分开。育苗前和栽培前要彻底消灭棚室内的残虫，清除杂草和残株，通风口用尼龙纱网密封，控制外来粉虱进入。

④高温闷棚，夏季高温时，设施栽培可于棚室浇水后闷棚1.0~1.5h，注意温度不能超过38℃，否则会对作物造成伤害。

⑤瓜类、豆类蔬菜适时打掉植株下部老叶（多为粉虱老龄若虫及伪蛹）集中园室外销毁，效果更佳。

⑥按照每亩60块密度将黄板悬挂或插在植株间，悬挂在距作物顶端20cm处，方向与作物畦面同向；黄板粘满害虫后，及时更换。注意释放蜜蜂/熊峰或天敌后，宜取消悬挂黄板。

⑦粉虱成虫小于0.5头/株时，按每株15头丽蚜小蜂成蜂进行释放，每2周一次，连续释放3~4次；释放波氏烟盲蝽500头/667m^{2}进行防治。

⑧成虫发生期初，5%鱼藤酮可溶性液剂（成分为5%鱼藤酮和95%食用酒精）400~600倍喷雾；注意作物顶端嫩叶片正反两面喷施，反面为主；施药宜在早晨放风前、植株结露时等成虫移动缓慢阶段进行。

（二）食叶类害虫

1. 小菜蛾

小菜蛾属鳞翅目菜蛾科；幼虫取食蔬菜叶片为害，适应范围广，抗药性极强，为目前蔬菜主要食叶类害虫。

（1）形态特征

①成虫：体长约6mm，翅展12~15mm；翅狭长，前翅后缘具金黄色波纹，双翅合拢时呈3个相连的菱形斑。

②卵：椭圆形，稍扁平，长约0.5mm，初产时淡黄色，具光泽。

③幼虫：老熟时体长约10mm，纺锤形，黄绿色，化蛹时结白色薄茧。

④蛹：长5~8mm，黄绿至灰褐色，外被极薄网状丝茧。

（2）生物学特性

该虫为寡食性害虫，喜食十字花科蔬菜和杂草，甘蓝、芥蓝、萝卜受害最重，白菜、油菜、芥菜次之；年发生多代，各种虫态均可越冬。幼虫4龄，初孵幼虫潜叶取食，2龄幼虫取食叶片下表皮和叶肉，3龄、4龄具暴食性。成虫飞翔能力强，对芥子油及葡萄糖苷等物质有明显趋性。小菜蛾发育适温度20~30℃，幼虫耐低温，对食物要求不高，黄叶、老叶、落叶、残株均能完成发育；对多种化学农药抗性强。

（3）防治方法

①与非十字花科蔬菜轮作，或将十字花科蔬菜中的早、中、晚熟品种，生长期长、短不同的品种与其他蔬菜轮流种植；与豆科、茄科等非十字花科蔬菜间隔种植，减少小菜蛾为害。

②每茬蔬菜收获后，及时清除和集中销毁残株、落叶和杂草，并立即耕翻。

③利用黑光灯或性诱剂诱芯诱杀成虫或使用迷向技术，干扰成虫交尾。

④释放赤眼蜂，利用性诱剂监测，成虫羽化高峰期，每667m^2总蜂量为3万头，分别按照4：4：2比例释放3次。

⑤防治适期为2龄之前，如甘蓝生长前期50头/100株，后期100~120头/100株时需进行防治：选择1×10^{10}个活孢子/g的苏云金杆菌或杀螟杆菌、青虫菌可湿性粉剂500~1 000倍液喷雾（避免高温及日光直射情况，注意生产日期在3个月以上者，适当增加浓度）；苦参碱600~800倍喷雾，效果较好。

2. 菜粉蝶

菜粉蝶属鳞翅目粉蝶科，别名菜白蝶；幼虫称菜青虫，咀嚼为害；喜食十字花科蔬菜，亦为害菊科、百合科等蔬菜。

（1）形态特征

①成虫：体长12~20mm，翅展45~55mm。体灰黑色，翅白色，顶角灰黑色，前翅中部具黑斑，雌虫2个，雄虫1个。

②卵：散产，表面具多条纵横脊纹，子弹形，高约1mm；初产时淡黄色，后变为橙黄色，孵化前为淡紫灰色。

③幼虫：老熟时体长15~20mm，青绿色，背线淡黄色。

④蛹：长约20mm，纺锤形，中部膨大而有棱角状突起；体色随化蛹时的附着物而异，有绿色、淡褐色、灰黄色等。

（2）生物学特性

菜粉蝶喜食十字花科蔬菜，如甘蓝、花椰菜、萝卜、白菜、油菜等；年发生多代，以滞育蛹在菜地附近的屋檐、墙角、风障、杂草和残株落叶等阴蔽处越冬，蛹色可随周围环境而异。幼虫5龄，3龄前多在叶背为害，后转至叶面蚕食，4~5龄幼虫具暴食性。成虫对芥子油糖苷有明显趋性，以厚叶类的甘蓝、花椰菜产卵量最大，对薄荷有负趋性。发育适温20~25℃，相对湿度75%左右，春秋季为害严重。

（3）防治方法

①合理安排茬口，尽量避免小范围内十字花科蔬菜连作，春甘蓝提早定植，以提早收获，避开第二代菜青虫的为害。菜田周边或田内适当种植薄荷，可以减少菜粉蝶产卵。

②每茬蔬菜收获后及时清园并进行翻耕，销毁残株败叶，可减少大量虫源，降低下一代发生量。菜粉蝶蛹的颜色可因周围环境而异，注意观察，尽量消灭。

③释放赤眼蜂，利用性诱剂监测，成虫羽化高峰期，每亩总蜂量为3万头，分别按照4：4：2比例释放3次。

④防治适期为2龄之前，甘蓝等蔬菜包心前尤其关键；发生初期选择1×

10^{10}个活孢子/g的苏云金杆菌或杀螟杆菌、青虫菌可湿性粉剂500～1 000倍液喷雾（避免高温及日光直射情况，注意生产日期在3个月以上者，适当增加浓度）；苦参碱600～800倍喷雾，效果较好。

3. 甘蓝夜蛾

甘蓝夜蛾属鳞翅目夜蛾科，俗称甘蓝夜盗虫，为杂食性害虫，喜食甘蓝、菠菜、胡萝卜等多种蔬菜，老熟幼虫具暴食性，危害较大。

（1）形态特征

①成虫：体长20mm，翅展45mm，棕褐色，前翅肾形斑、环状斑明显。

②卵：半球形，具放射状纵棱，初产时黄白色，后出现褐斑纹，孵化前为紫黑色。

③幼虫：老熟时体长5mm，胴部腹面淡绿色，背部颜色较深；褐色型各节背部具倒“八”字纹。

④蛹：长约20mm，赤褐色，背面中央具一条深褐色纵向暗纹；臀刺深褐色，较长。

（2）生物学特性

甘蓝夜蛾为多食性害虫，主要为害甘蓝、白菜及瓜类、豆类、茄果类等十字花科、茄科、豆科、葫芦科蔬菜，以甘蓝、秋白菜受害最重。该虫年发生2～4代，以蛹在土中越冬，幼虫具群集性、夜出性、暴食性，老熟后入土化蛹，以6～7cm处较为集中。成虫昼伏夜出，对黑光灯及糖醋液趋性强，喜选择高大茂密的植株集中产卵，卵多产于叶背，单层块状；温度18～25℃，相对湿度70%～80%时，发育较快。蜜源植物多，水肥条件好，长势旺盛的菜地受害重。

（3）防治方法

①蔬菜收获后彻底清园，残株落叶集中园外销毁；播种前翻耕、晒土和灭茬，消灭土内虫蛹；注意铲除菜田周边低矮的阔叶杂草恶化产卵环境；利用芋头等作为菜田的边际作物诱集斜纹夜蛾产卵，集中消灭。

②在成虫盛发期，根据其趋性，采用黑光灯、性诱剂及糖醋液（糖、醋、酒、水配比为3∶4∶1∶2）诱杀成虫。

③结合农事操作，人工摘除卵块或群集为害的低龄幼虫。

④2龄之前防治，使用苦参碱素800～1 000倍喷雾，注意防治时间可选在清晨或傍晚进行，重点为叶背、心叶和根部土壤；发生初期选择1×10^{10}个活孢子/g的苏云金杆菌或杀螟杆菌、青虫菌可湿性粉剂500～1 000倍液喷雾（避免高温及日光直射情况，注意生产日期在3个月以上者，适当增加浓度）。

4. 甜菜夜蛾

甜菜夜蛾属鳞翅目夜蛾科，食性较甘蓝夜蛾广泛，老熟幼虫具暴食性，危害性极大。

(1) 形态特征

①成虫：体长约10mm，翅展20~25mm，灰褐色，前翅肾形斑、圆形斑土红色。

②卵：似馒头形，白色，表面具放射状隆起线。

③幼虫：老熟时体长约22mm，体色从绿色加深至黑褐色变化较大，腹部气门下线黄白色，达腹部末端，各节气门后上方有一明显白点。

④蛹：长约10mm，黄褐色。

(2) 生物学特性

甜菜夜蛾主要为害甘蓝、花椰菜、白菜、萝卜、茄果类、豆类、瓜类、胡萝卜、芹菜、菠菜和苋菜等十字花科、茄科、葫芦科、豆科、伞形科、藜科、苋科蔬菜，偏嗜甘蓝类蔬菜。该虫年发生多代，能以各种虫态越冬，温室内无越冬现象。幼虫一般5龄，颜色变化较大，1~2龄群集为害；具假死性，老熟后多在土内作室化蛹，深度0.5~3cm。成虫昼伏夜出，对光及糖醋液趋性强。卵常产于作物背面或叶背部，块状，覆白色鳞片，10cm以下的阔叶杂草和杂草较多的豆地、菜地卵块较多。甜菜夜蛾发育适温20~25℃，相对湿度50%~70%，为世界性间歇性大发生害虫，须注意虫情测报。

(3) 防治方法

同甘蓝夜蛾防治方法。

5. 黄曲条跳甲

黄条跳甲属鞘翅目跳甲科，包括黄曲条跳甲、黄直条跳甲、黄宽条跳甲等，常混合发生，成虫、若虫取食蔬菜叶部、根茎部为害，逐渐上升为蔬菜主要害虫之一；以黄曲条跳甲发生较为严重。

(1) 形态特征

①成虫：体长约2mm，鞘翅黑色，中央各具一中部狭窄的黄色弯曲纵向条形斑，后足腿节膨大。

②卵：长约0.3mm，椭圆形，初产时淡黄色，后变乳白色。

③幼虫：长圆筒形，老熟时体长约4mm，黄白色，各节具不明显肉瘤，有细毛。

④蛹：长约2mm，椭圆形，乳白色，头部隐于前胸之下；翅芽和足达第五腹节，腹末具一对叉状突起。

(2) 生物学特性

黄曲条跳甲为寡食性害虫，偏嗜萝卜、芥菜、菜心、白菜、芥蓝、油菜、甘蓝、花椰菜等十字花科蔬菜，亦为害茄科、葫芦科及豆科蔬菜，成虫食叶，幼虫于土中为害根部。该虫年发生多代，以成虫在菜叶背面或残株落叶及杂草中越冬，适温范围为21~30℃。成虫敏感，善跳，有趋光性；卵散产于植株周围湿润的土隙中或细根上，相对湿度低于90%极少孵化。幼虫生活于土中，老熟时在土中3~7cm深处筑土室化蛹。湿度利于孵化及羽化的高湿田块发生重相对较重。

（3）防治方法

①与菠菜、生菜、葱蒜等非十字花科、茄科等蔬菜轮作。

②每茬蔬菜收获后，清除田间残株、落叶，集中园外销毁。秋季尤为重要，可有效破坏其食物来源及越冬场所。

③播种及移栽前7~10d深耕、晒土，或灌水，消灭幼虫、蛹。

④成虫发生期在田间间隔性的防治设置黄板或黄盘，利用其趋黄特性进行诱杀。在田间间种喜食的芥菜等蔬菜，诱集成虫集中消灭。

⑤苗期发生严重可按照60万~70万头/m^2数量喷洒斯氏线虫；注意保持土壤湿度，傍晚喷施效果好。

⑥于清晨和傍晚温度较低，成害虫不活跃时喷施5%鱼藤酮可溶性液剂400~600倍液，注意从地边向中间，由地表到植株施药，防止成虫逃逸，安全间隔期为5~7d。

6. 大猿叶甲

大猿叶甲属鞘翅目叶甲科，成虫、幼虫取食叶片为害，危害较大。

（1）形态特征

①成虫：体长约5mm，蓝黑色具金属光泽，鞘翅刻点粗大，排列不规则，后翅发达，飞翔能力较强。

②卵：长椭圆形，长约1.5mm，鲜黄色，表面光滑。

③幼虫：老熟时体长约7mm，体色灰黑略具黄色，各体节具多个大小不等的黑色小肉瘤。

④蛹：长约6.5mm，略呈半球形，黄褐色；腹部各节具黑色短刚毛，末端有1对叉状突起。

（2）生物学特性

大猿叶甲喜食十字花科小白菜、萝卜、芥菜、油菜等薄叶类蔬菜；年发1~4代，以滞育成虫在土中越夏、越冬，土层15~20cm处数量集中。成虫成堆产卵于寄主根际地表。成虫、幼虫均具假死性。

（3）防治方法

①避免十字花科尤其是薄叶类蔬菜的连作，切断害虫食物来源。

②每茬蔬菜收获后，清除菜田残株、落叶，集中园外销毁，秋冬季节尤为

重要。结合蔬菜换茬或除草等操作，进行土壤翻耕，消灭越冬、越夏成虫。

③利用成虫、幼虫假死性，可于进行人工拍打振落捕杀。

④于清晨和傍晚温度较低，成害虫不活跃时喷施5%鱼藤酮可溶性液剂400~600倍液，安全间隔期为5~7d。

（三）潜叶/地下类害虫

1. 美洲斑潜蝇

美洲斑潜蝇属双翅目潜蝇科，幼虫潜食叶片为害，是国际害虫检疫中最危险的多食性斑潜蝇之一。

（1）形态特征

①成虫：体长2.0~2.5mm，体色亮黑，头部及小盾片橘黄色，腹部各节黑黄相间。

②卵：浅色半透明，长0.2~0.3mm。

③幼虫：体长2.5~3.0mm，橘黄色。

④蛹：橙黄色，椭圆形，腹面稍扁平，长约2.0mm。

（2）生物学特性

该虫以葫芦科、茄科、豆科蔬菜为主，喜食黄瓜、丝瓜、南瓜、番茄、茄子及菜豆等，亦取食十字花科蔬菜如白菜、油菜等；年发生多代，温室内无越冬现象。成虫飞翔能力弱，对黄色敏感，具趋光性。幼虫共3龄，潜道位于叶片正面，弯曲盘绕但不穿过中脉，黑色虫粪在虫道两侧交替排列；老熟幼虫从叶面脱出虫道，落土或在叶面上化蛹。发育最适温度约26℃，34℃时发育受抑制；相对湿度60%~80%适宜繁殖，湿度低于40%明显影响幼虫化蛹及成虫羽化、取食和产卵。

（3）防治方法

①合理安排茬口，在其发生高峰期种植非嗜食蔬菜，切断食物源，减轻为害。

②收获彻底清除被害叶片及带虫残株，集中园外销毁。

③冬季育苗前，可将棚室敞开7~10d，利用自然低温消灭害虫；于夏季收获后，密闭棚室7~10d，利用高温闷杀害虫。

④利用黄板诱杀，在虫口较低及保护地条件下，可起到较好效果。

⑤及时监测虫情，在幼龄期喷施1.5%除虫菊素水乳剂600倍液，连续2~3次；安全间隔期为3~5d。

2. 韭菜迟眼蕈蚊

韭菜迟眼蕈蚊俗称“韭蛆”，属双翅目蕈蚊科，幼虫取食根部为害，是葱蒜类蔬菜的重要害虫，尤喜食韭菜。

（1）形态特征

①成虫：雄虫体长2.3~2.7mm，雌虫体长3.2~3.9mm，黑褐色，复眼发达、左右相接；足黄褐色，细长。

②卵：白色，椭圆形，长约0.25mm。

③幼虫：体长5.0~7.0mm，乳白色，近纺锤形，无足，腹部最后2节具淡黑色“八”字形纹。

④蛹：离蛹，腹部10节，末端具1对突起。

（2）生物学特性

该虫为害百合科、菊科、藜科、十字花科、葫芦科、伞形科等多种蔬菜，以韭菜受害最重，其次为大蒜、洋葱、瓜类和莴苣，年发生多代，保护地、菇房可周年发生，多以幼虫在韭菜根茎、鳞茎及根部周围土中群集越冬，越冬深度在土表下10cm以内。成虫具趋光性，对韭菜收割后伤口汁液的气味敏感，高温（>30℃）高湿环境产卵受抑制。幼虫的垂直分布随土壤温度的季节变化而异，春秋上移，冬夏下移。中壤土较轻壤土及沙壤土虫口密度高。3~4cm土层含水量在20%左右适宜幼虫发育。

（3）防治方法

①与非寄主蔬菜实施3~4年轮作。

②韭根移栽时将韭根暴晒1~2d；施用充分腐熟的有机肥；结合定植，翻耕土壤，杀灭虫蛹；春秋季幼虫发生时，连续浇水2~3d，每天淹没畦面，杀灭根蛆；地面覆盖细沙和草木灰或用竹签剔开作物根际土壤，造成干燥环境，降低幼虫成活率和成虫羽化率。

③将糖、醋、酒按照3∶1∶10的比例配成诱集液，每667m^2设置20~25处诱集点，每5~7d更换一次诱杀液。

④加强监测，成虫及幼龄期幼虫时喷施1.5%除虫菊素水乳剂600倍液；对于韭蛆为害根茎部害虫，稀释200倍灌根或地表喷施，在韭蛆钻柱前施药；安全间隔期为3~5d。

第五节　有机蔬菜生产方案

一、番　茄

（一）环境条件

番茄生长最适温度为15~26℃（3叶期及7~8叶期温度不低于15℃）；极端温度12~30℃；喜散射光，宜设施栽培。设施栽培注意盖膜或放风保持最适温度，施通风口处安装防虫网，耳房内外分别安装防虫门帘。

有机番茄生产基地至少应距离主城区、工矿区、交通主干线、工业污染源、生活垃圾场5km。

有机番茄基地内的环境质量应符合本章第一节中相关要求。

（二）栽培方式

1. 品种选择

鲜食大番茄宜选择粉果型，长距离运输可选择红果型品种，具体要求：秋延茬番茄，高抗TY病毒品种；冬春茬番茄，耐低温、耐弱光品种；越茬夏番茄，耐高温、抗裂果品种。禁止使用包衣种子。

2. 生产管理

（1）整地做畦

选择前茬非茄科（番茄、甜椒、辣椒、茄子、土豆）蔬菜地块，清除前茬作物残体及设施栽培北墙、东西山墙、南缘所有杂草；每667m^2施腐熟有机肥10~15m^3，加250kg草木灰；设施栽培可密闭闷棚10~15d；旋耕、整地、做畦。

（2）种子处理

52℃温水浸种30min，顺时针搅动，降至30℃时，500倍高锰酸钾（1g高锰酸钾对500g水）浸泡1h；充分淘洗后，清水浸泡6h；捞出控干水分待播；过湿时播前可掺草木灰除湿。

（3）培育壮苗

育苗钵育苗，每钵1粒，浇足底水，500倍哈茨木霉。播后盖1~2遍过筛细土，不露种子；冬春季盖白膜，70%出苗后揭膜（下午揭膜）。若“带帽”出土，则再撒1层0.5cm厚过筛细土。晴天中午放风；注意控水，苗床过干，可用喷壶浇水；定植前7d注意炼苗。

壮苗标准：苗龄45d左右，株高20cm，6~7片肥厚的叶片，茎粗0.5cm，节间短，稍发紫，多茸毛，根色白，根系粗大。

（4）栽培管理

选择无病虫（尤其白粉虱若虫、TY病毒）壮苗定植；每畦2行，行株距50cm×50cm，最北面2株平齐，其余成三角形定植；浅栽，育苗基质与土面平齐或稍高；定植1周后浇缓苗水，冬春茬缓苗后铺白地膜，膜下浇灌。

单杆整枝，一穗果坐稳后留2~3枚，2穗以上每穗留果4枚，共6穗果，顶端留2叶打顶。注意，有抽烟习惯的员工禁止进行整枝抹叉工作，以防病毒传播。

开花后放熊蜂，每亩1箱蜂，保持放蜂温度12~30℃，高温时注意遮阳降温；或使用电动授粉仪授粉；禁止激素蘸花。

每穗果采收后，打掉下部老叶；修剪下老叶、病虫枝，拉秧残株统一集中运至园外清除；拉秧后清除棚内所有残株、杂草。

（三）水肥管理

缓苗后，晴天中午放风；一穗果直径5cm后开始浇水；1穗果、3穗果、5穗果收获后，每667m^2施天然硫酸钾50kg；膜下滴灌或沟灌（植株禁止接触水），晴天上午浇水，浇水后放风，保持土壤湿润；冬春茬保证定植后夜温不低于13℃。

（四）病虫防治

1. 农业防治

按照不同栽培季节，选择抗性品种；与非茄科作物进行3年以上轮作；科学水肥管理，冬季注意通过膜下滴灌及覆盖等措施降低设施湿度；彻底清园。

2. 物理防治

设施门、风口安装防虫网。

每亩悬挂60块带性诱剂黄板、蓝板诱杀白粉虱、蚜虫、蓟马，黄板南北方向悬挂，高于作物顶端15~20cm；黏度下降后及时更换。

3. 生物防治

蚜虫、粉虱发生初期异色瓢虫500头/667m^2防治蚜虫；波氏烟盲蝽500头/667m^2防治粉虱。

4. 药剂防治

及时摘除病叶、拔除中心病株；立枯、猝倒病发病病株铁锹带土挖出，穴内撒生石灰；发病初期喷施500倍氨基酸螯合铜制剂防治病害。

喷施800倍1.5%天然除虫菊素治蚜虫，每5d一次，连续2~3次。

（五）产品品质

有机番茄农药残留“0”检出，重金属残留量满足GB 2762《食品安全国家标准　食品中污染物限量》相关要求。

二、茄　子

（一）环境条件

茄子生长最适温度为17~28℃；极端15~30℃（夜温15℃以下落花，不坐果；7~8℃有冻害）；可设施及露地栽培。设施栽培通风口处安装防虫网，耳房内外分别安装防虫门帘。

有机茄子生产基地至少应距离主城区、工矿区、交通主干线、工业污染源、生活垃圾场5km。

有机茄子基地内的环境质量应符合本章第一节中相关要求。

（二）栽培方式

1. 品种选择

依据市场需求选择圆茄、灯泡茄、长茄等品种；冬春茬选择耐低温、弱光品种。禁止使用包衣种子。

2. 生产管理

（1）整地做畦

选择前茬非茄科（番茄、甜椒、辣椒、茄子、土豆）蔬菜地块，清除前茬作物残体及设施栽培北墙、东西山墙、南缘所有杂草；每 667m^2 施腐熟有机肥 10m^3。设施栽培和密闭闷棚 10~15d；旋耕、整地、做畦。

（2）种子处理

50℃温水浸种 30min，顺时针搅动，降至 30℃时，500 倍高锰酸钾（1g 高锰酸钾对 500g 水）浸泡 1h；充分淘洗后，温水浸泡 12h，然后搓去种皮上的黏液，捞出控干水分待播；过湿时播前可掺草木灰除湿。

（3）培育壮苗

育苗钵育苗，每钵 1 粒，浇足底水，喷施 500 倍哈茨木霉。播后盖 1~2 遍过筛细土，不露种子；冬春季盖白膜，70%出苗后揭膜（下午揭膜）。若“带帽”出土，则再撒 1 层 0.5cm 厚过筛细土。晴天中午放风；注意控水，苗床过干，可用喷壶浇水；定植前 7d 注意炼苗。无严重土传病害时，不提倡使用嫁接苗。

壮苗标准：（秋冬茬）苗龄 50d，5~7 片真叶，叶色浓绿，根系粗大，70%现蕾，无病虫害；（冬春茬）苗龄 60d，8~9 片真叶，叶片肥厚色浓，茎粗 0.6~0.8cm，现大花蕾；须根多，色白而粗壮，无病斑、病叶。

（4）栽培管理

选择无病虫（尤其白粉虱若虫）壮苗定植；每畦 2 行，行株距 50cm×60cm，最北面 2 株平齐，其余成三角形定植；浅栽，育苗基质与土面平齐或稍高；定植 1 周后浇缓苗水，冬春茬缓苗后铺白地膜，膜下浇灌。冬春茬保证定植后夜温不低于 12℃。

按 1—2—4 顺序留果（部分长茄可双秆整枝，按 1—2—2—2—2 顺序留果）；其余侧芽、叶芽打去；摘除下部老叶、病叶；尼龙绳吊秧。

清园、打老叶：每穗果采收后，打掉下部老叶；修剪下老叶、病虫枝，拉秧残株统一集中运至园外清除；拉秧后清除棚内所有残株、杂草。

（三）水肥管理

门茄坐稳后开始浇水；生长中期酌情补施天然钾肥、氮肥。

（四）病虫防治

1. 农业防治

按照不同栽培季节，选择抗性品种；与非茄科作物进行 3 年以上轮作；科学水肥管理，冬季注意通过膜下滴灌及覆盖等措施降低设施湿度；彻底清园。

2. 物理防治

设施门、风口安装防虫网。

每 667m^2 悬挂 60 块性诱剂黄板、蓝板诱杀白粉虱、蚜虫、蓟马，黄板南北方向悬挂，高于作物顶端 15~20cm；黏度下降后及时更换。

3. 生物防治

蚜虫、蓟马、叶螨发生初期异色瓢虫 500 头/667m^2 防治蚜虫；东亚小花蝽 500 头/667m^2 防治蓟马；波氏烟盲蝽 500 头/667m^2 防治粉虱；巴氏新小绥螨 200 袋（≥200 头/袋）/667m^2 防叶螨。

4. 药剂防治

及时摘除病叶、拔除中心病株；立枯、猝倒病发病病株铁锹带土挖出，穴内撒生石灰；发病初期喷施 500 倍氨基酸螯合铜制剂防治病害。

发生严重时，使用 600~800 倍 1.5%天然除虫菊素防治蚜虫、蓟马、叶螨等，每 5d 一次，连续 2~3 次。

（五）产品品质

有机茄子农药残留“0”检出，重金属残留量满足 GB 2762《食品安全国家标准　食品中污染物限量》相关要求。

三、甜　椒

（一）环境条件

甜椒生长最适温度 15~26℃；极端温度 10~30℃；冬夏季节注意保温、通风；可设施及露地栽培。设施栽培通风口处安装防虫网，耳房内外分别安装防虫门帘。

有机甜椒生产基地至少应距离主城区、工矿区、交通主干线、工业污染源、生活垃圾场 5km。

有机甜椒基地内的环境质量应符合本章第一部分中相关要求。

（二）栽培方式

1. 品种选择

依据市场反馈选择甜椒、彩椒、牛角椒、杭椒、线椒等品种；禁止使用包衣种子。

2. 生产管理

(1) 整地做畦

选择前茬非茄科（番茄、甜椒、辣椒、茄子、土豆）蔬菜地块，清除前茬作物残体及设施栽培北墙、东西山墙、南缘所有杂草；每 667m^2 施腐熟有机肥 7m^3。设施栽培密闭闷棚 10~15d；旋耕、整地、做畦。

(2) 种子处理

55℃温水浸种 10min，不停搅动，降至 30℃时，500 倍高锰酸钾浸泡 1h；充分淘洗后，温水浸泡 6h，捞出控干水分待播；过湿时播前可掺草木灰除湿。

(3) 培育壮苗

育苗钵育苗，播种浇足底水，喷施 500 倍哈茨木霉。播后盖 1cm 过筛细土；冬春季盖白膜，保证夜温高于 16℃，70%出苗后揭膜（下午揭膜）。若“带帽”出土，覆盖 0.5cm 过筛细潮土。苗床过干，可用喷壶浇水，定植前 7d 注意炼苗。

壮苗标准：株高 18cm，茎粗 0.4cm，10 片叶，叶色浓绿，现蕾，根系粗大，无病虫害。

(4) 栽培管理

选择无病虫（尤其蚜虫）壮苗，坐水定植；每畦 2 行，行株距 50cm×50cm，最北面 2 株平齐，其余成三角形定植；浅栽，育苗基质与土面平齐或稍高；定植 1 周后浇缓苗水，冬春茬缓苗后铺白地膜，膜下浇灌。冬春茬保证定植后夜温不低于 12℃。

按 1—2—4—4 顺序留果；其余侧芽、叶芽打去；摘除下部老叶、病叶；尼龙绳吊秧；及时采收门椒以免坠秧。

每穗果采收后，打掉下部老叶；修剪下老叶、病虫枝，拉秧残株统一集中园外销毁；拉秧后清除棚内所有残株、杂草。

(三) 水肥管理

门椒坐稳后开始浇水；生长中期酌情补施天然钾肥、氮肥。

(四) 病虫防治

1. 农业防治

按照不同栽培季节，选择抗性品种；与非茄科作物进行 3 年以上轮作；科学水肥管理，冬季注意通过膜下滴灌及覆盖等措施降低设施湿度；彻底清园。

2. 物理防治

设施栽培门、风口安装防虫网。

每 667m^2 悬挂 60 块性诱剂黄板、蓝板诱杀白粉虱、蚜虫、蓟马，黄板南北方向悬挂，高于作物顶端 15~20cm；黏度下降后及时更换。

3. 生物防治

蚜虫、蓟马、叶螨发生初期异色瓢虫 500 头/667m^2 防治蚜虫；东亚小花蝽 500 头/667m^2 防治蓟马；波氏烟盲蝽 500 头/667m^2 防治粉虱；巴氏新小绥螨 200 袋（≥200 头/袋）/667m^2 防叶螨。

4. 药剂防治

及时摘除病叶、拔除中心病株；立枯、猝倒病发病病株铁锹带土挖出，穴内撒生石灰；发病初期喷施 500 倍氨基酸螯合铜制剂防治病害。

发生严重时，使用 600~800 倍 1.5%天然除虫菊素防治蚜虫、蓟马、叶螨等，每 5d 一次，连续 2~3 次。

（五）产品品质

有机甜椒农药残留“0”检出，重金属残留量满足 GB 2762《食品安全国家标准　食品中污染物限量》相关要求。

四、黄　瓜

（一）环境条件

黄瓜生长最适温度 10~35℃；极端温度 10~30℃；冬夏季节注意保温、通风；可设施及露地栽培。设施栽培通风口处安装防虫网，耳房内外分别安装防虫门帘。

有机黄瓜生产基地至少应距离主城区、工矿区、交通主干线、工业污染源、生活垃圾场 5km。

有机黄瓜基地内的环境质量应符合本章第一节中相关要求。

（二）栽培方式

1. 品种选择

依据市场反馈选择刺黄瓜、迷你黄瓜、秋黄瓜等品种；禁止使用包衣种子。

2. 生产管理

（1）整地做畦

选择前茬非葫芦科（黄瓜、苦瓜、西葫芦等）蔬菜地块，清除前茬作物残体及设施栽培北墙、东西山墙、南缘所有杂草；每 667m^2 施腐熟有机肥 10m^3。设施栽培密闭闷棚 10~15d；旋耕、整地、做畦。

（2）种子处理

55℃温水浸种 20min，不停搅动，降至 30℃时，500 倍高锰酸钾浸泡 1h；充分淘洗后，捞出控干水分待播；过湿时播前可掺草木灰除湿。

（3）培育壮苗

育苗钵育苗，每钵 1 粒，浇足底水，喷施 500 倍哈茨木霉。播后盖 1~2 遍过筛细土，不露种子；冬春季盖白膜，70%出苗后揭膜（下午揭膜）。若“带帽”出土，则再撒1层0.5cm厚过筛细土。晴天中午放风；注意控水，苗床过干，可用喷壶浇水；定植前7d注意炼苗。冬季生产育苗，其余季节建议直播；无根结线虫地块不提倡使用嫁接苗。

（4）栽培管理

选择无病虫（尤其蚜虫、白粉病）壮苗，坐水定植；每畦2行，行株距50cm×40cm，最北面2株平齐，其余成三角形定植；浅栽，育苗基质与土面平齐或稍高；定植1周后浇缓苗水，冬春茬缓苗后铺白地膜，膜下浇灌。冬季生产是垄间铺稻壳除湿。

单蔓整枝及时掐卷须、绑蔓；及时采收根瓜以免坠秧；生长后期可落蔓或横向引导瓜蔓。

每节瓜采收后，打掉下部老叶；修剪下老叶、病虫枝，拉秧残株统一集中运至园外清除；拉秧后清除棚内所有残株、杂草。

（三）水肥管理

根瓜座稳后开始浇水；生长中期每亩酌情追施2~3次沼液200kg，天然硫酸钾60kg。

（四）病虫防治

1. 农业防治

按照不同栽培季节，选择抗性品种；与非葫芦科作物进行3年以上轮作；科学水肥管理，冬季注意通过膜下滴灌及覆盖等措施降低设施湿度；彻底清园。

2. 物理防治

设施门、风口安装防虫网。

每667m^{2}悬挂60块性诱剂黄板、蓝板诱杀白粉虱、蚜虫、蓟马，黄板南北方向悬挂，高于作物顶端15~20cm；黏度下降后及时更换。

3. 生物防治

蚜虫、蓟马、叶螨发生初期异色瓢虫500头/667m^{2}防治蚜虫；东亚小花蝽500头/667m^{2}防治蓟马；波氏烟盲蝽500头/667m^{2}防治粉虱；巴氏新小绥螨200袋（≥200头/袋）/667m^{2}防叶螨。

4. 药剂防治

及时摘除病叶、拔除中心病株；立枯、猝倒病发病病株铁锹带土挖出，穴内撒生石灰；发病初期喷施500倍氨基酸螯合铜制剂防治病害。

发生严重时，使用600~800倍1.5%天然除虫菊素防治蚜虫、蓟马、叶螨等，每5d一次，连续2~3次。

（五）产品品质

有机黄瓜农药残留“0”检出，重金属残留量满足GB 2762《食品安全国

家标准　食品中污染物限量》相关要求。

五、甘　蓝

(一) 环境条件

甘蓝为喜冷凉蔬菜，可设施及露地栽培，早春、秋延可冷棚或拱棚栽培，冬季温室生产；发育最适温度10~20℃（3叶期至定植期温度13℃）；极端8~25℃；设施栽培注意盖膜或放风保持最适温度。设施栽培通风口处安装防虫网，耳房内外分别安装防虫门帘。

有机甘蓝生产基地至少应距离主城区、工矿区、交通主干线、工业污染源、生活垃圾场5km。

有机甘蓝基地内的环境质量应符合本章第一节中相关要求。

(二) 栽培方式

1. 品种选择

春甘蓝选择抗寒品种，秋甘蓝选择耐热品种；禁止使用包衣种子。

2. 生产管理

（1）整地做畦

选择前茬非十字花科（白菜、萝卜、油菜、甘蓝）蔬菜地块，清除前茬作物残体及设施栽培北墙、东西山墙、南缘所有杂草；每667m^{2}施腐熟有机肥7m^3。设施栽培密闭闷棚10~15d；旋耕、整地、做畦。

（2）种子处理

55℃温水浸种15min，不停搅动，降至30℃时，500倍高锰酸钾浸泡1h；充分淘洗后控水待播；过湿时播前可掺草木灰除湿。

（3）培育壮苗

育苗盘育苗，播种浇足底水，喷施500倍哈茨木霉。播后盖1~2遍过筛细土，以不露种子为宜；冬春季盖白膜，70%出苗后揭膜（下午揭膜）。晴天中午放风；注意控水，苗床过干，可用喷壶浇水；定植前7d注意炼苗。

壮苗标准：苗龄小于40d；植株健壮，6~7片真叶，叶片肥厚、浓绿、叶背发紫，蜡粉多，根系多而白，无病虫。

（4）栽培管理

选择无病（尤其青枯、立枯等）无虫（重点是粉虱、蚜虫）壮苗，带土坨定植，行株距40cm×30cm。定植后浇定植水，根据墒情约5~7d后浇一次缓苗水；缓苗后，晴天中午放风；蹲苗。

及时采收，采收标准，叶球充分紧实，750~1 000g/颗。

(三) 水肥管理

结球期前视墒情浇水1次，晴天上午浇水，浇水后放风；中耕；保持土壤湿润；球膨大期（鸡蛋大小时）每 7~10d 一次水；采收前 10d 禁止浇水。

（四）病虫防治

1. 农业防治

按照不同栽培季节，选择抗性品种；与非十字花科作物进行 3 年以上轮作；科学水肥管理，冬季注意通过膜下滴灌及覆盖等措施降低设施湿度；彻底清园。

2. 物理防治

设施门、风口安装防虫网；露地栽培需搭防虫网。

每 667m^2 悬挂 60 块性诱剂黄板诱杀白粉虱、蚜虫，黄板南北方向悬挂，高于作物顶端 15~20cm；黏度下降后及时更换。利用性诱剂诱芯或迷向措施防治小菜蛾。

3. 生物防治

蚜虫发生初期异色瓢虫 500 头/667m^2 防治蚜虫。利用性诱剂监测，成虫羽化高峰期，每 667m^2 总蜂量为 3 万头，分别按照 4∶4∶2 比例释放 3 次赤眼蜂，防治小菜蛾。

防治适期为 2 龄之前，如甘蓝生长前期 50 头/100 株，后期 100~120 头/100株时需进行防治：选择 1×10^{10}个活孢子/g 的苏云金杆菌或杀螟杆菌、青虫菌可湿性粉剂 500~1 000 倍液喷雾（避免高温及日光直射情况，注意生产日期在 3 个月以上者，适当增加浓度）；苦参碱 600~800 倍喷雾，效果较好。

4. 药剂防治

及时摘除病叶、拔除中心病株；立枯、猝倒病发病病株铁锹带土挖出，穴内撒生石灰；发病初期喷施 500 倍氨基酸螯合铜制剂防治病害。

小菜蛾 2 龄之前，喷施 1×10^{10}个活孢子/g 的苏云金杆菌；喷施 600~800 倍 1.5%天然除虫菊素防治蚜虫等，每 5d 一次，连续 2~3 次。

（五）产品品质

有机甘蓝农药残留“0”检出，重金属残留量满足 GB 2762《食品安全国家标准　食品中污染物限量》相关要求。

六、花椰菜

（一）环境条件

花椰菜为喜冷凉蔬菜，可设施及露地栽培，早春、秋延可冷棚或拱棚栽培，冬季温室生产；发育最适温度 10~20℃，极端 8~25℃；设施栽培注意盖膜或放风保持最适温度。设施栽培通风口处安装防虫网，耳房内外分别安装防虫门帘。

有机花椰菜生产基地至少应距离主城区、工矿区、交通主干线、工业污染源、生活垃圾场5km。

有机花椰菜基地内的环境质量应符合本章第一节中相关要求。

（二）栽培方式

1. 品种选择

据市场需求，选择白菜花、紫菜花、西兰花、塔花及散菜花等品种；早春花椰菜选择抗寒品种，夏秋花椰菜选择耐热品种；禁止使用包衣种子。

2. 生产管理

（1）整地做畦：选择前茬非十字花科（白菜、萝卜、油菜、甘蓝）蔬菜地块，清除前茬作物残体及设施栽培北墙、东西山墙、南缘所有杂草；每667m^{2}施腐熟有机肥7m^3。设施栽培密闭闷棚10~15d；旋耕、整地、做畦。

（2）种子处理

55℃温水浸种15min，不停搅动，降至30℃时，500倍高锰酸钾浸泡1h；充分淘洗后控水待播；过湿时播前可掺草木灰除湿。

（3）培育壮苗

育苗盘育苗。播种浇足底水，喷施500倍哈茨木霉。播后盖1~2遍过筛细土，以不露种子为宜；冬春季盖白膜，70%出苗后揭膜（下午揭膜）。晴天中午放风；注意控水，苗床过干，可用喷壶浇水；定植前7d注意炼苗。

壮苗标准：苗龄低于45d；株高（心叶高度）5cm，开展度为15cm，5~6片真叶，叶色深绿，叶片肥厚，根系多而白。

（4）栽培管理

选择无病（尤其青枯、立枯等）无虫（重点是粉虱、蚜虫）壮苗，带土坨定植，行株距40cm×40cm，埋土至第一片真叶下2cm处，压实。定植后浇定植水，根据墒情5~7d后浇一次缓苗水；缓苗后，晴天中午放风；蹲苗。

及时采收。采收标准：西兰花主花直径15~20cm，400~500g/颗；白菜花、紫菜花、散菜花主花直径20~25cm，750~1 000g/颗。

（三）水肥管理

花球膨大前控水，晴天上午浇水，浇水后放风；中耕，保持土壤湿润；花球膨大期每7~10d一次小水。

（四）病虫防治

1. 农业防治

按照不同栽培季节，选择抗性品种；与非十字花科作物进行3年以上轮作；科学水肥管理，冬季注意通过膜下滴灌及覆盖等措施降低设施湿度；彻底清园。

2. 物理防治

设施门、风口安装防虫网；露地栽培需搭防虫网。

每 $667m^2$ 悬挂 60 块性诱剂黄板诱杀白粉虱、蚜虫，黄板南北方向悬挂，高于作物顶端 15~20cm；黏度下降后及时更换。利用性诱剂诱芯或迷向措施防治小菜蛾。

3. 生物防治

蚜虫发生初期异色瓢虫 500 头/$667m^2$ 防治蚜虫。利用性诱剂监测，成虫羽化高峰期，每 $667m^2$ 总蜂量为 3 万头，分别按照 4∶4∶2 比例释放 3 次赤眼蜂，防治小菜蛾。

防治适期为 2 龄之前，如甘蓝生长前期 50 头/100 株，后期 100~120 头/100 株时需进行防治：选择 1×10^{10} 个活孢子/g 的苏云金杆菌或杀螟杆菌、青虫菌可湿性粉剂 500~1 000 倍液喷雾（避免高温及日光直射情况，注意生产日期在 3 个月以上者，适当增加浓度）；苦参碱 600~800 倍喷雾，效果较好。

4. 药剂防治

及时摘除病叶、拔除中心病株；立枯、猝倒病发病病株铁锹带土挖出，穴内撒生石灰；发病初期喷施 500 倍氨基酸螯合铜制剂防治病害。

小菜蛾 2 龄之前，喷施 1×10^{10} 个活孢子/g 的苏云金杆菌；喷施 600~800 倍 1.5%天然除虫菊素防治蚜虫等，每 5d 一次，连续 2~3 次。

（五）产品品质

有机花椰菜农药残留“0”检出，重金属残留量满足 GB 2762《食品安全国家标准　食品中污染物限量》相关要求。

七、莴　苣

（一）环境条件

莴苣为喜冷凉蔬菜，可设施及露地栽培，早春、秋延可冷棚或拱棚栽培，冬季温室生产；发育最适温度 11~28℃，极端 6~25℃；设施栽培注意盖膜或放风保持最适温度。设施栽培通风口处安装防虫网，耳房内外分别安装防虫门帘。

有机莴苣生产基地至少应距离主城区、工矿区、交通主干线、工业污染源、生活垃圾场 5km。

有机莴苣基地内的环境质量应符合本章第一节中相关要求。

（二）栽培方式

1. 品种选择

根据市场需求选择品种，如花叶笋、雁翎笋（体型稍小）及挂丝红（耐寒）等；禁止使用包衣种子。

2. 生产管理

（1）整地做畦

选择前茬非菊科（莜麦菜、茼蒿、生菜等）蔬菜地块，清除前茬作物残体及设施栽培北墙、东西山墙、南缘所有杂草；每 667m^2 施腐熟有机肥 5m^3。设施栽培密闭闷棚 10~15d；旋耕、整地、做畦。

（2）种子处理

55℃温水浸种 15min；25℃继续浸种 6h，捞出控干水分，纱布包好，16~20℃（室温）催芽；每天清水冲洗 1 次；80%露白时播种；播前掺草木灰除湿，与过筛细土混匀。

（3）培育壮苗

育苗盘育苗，播种浇足底水，喷施 500 倍哈茨木霉，渗下后播种。播后盖 0.5cm 过筛细土；冬春季盖白膜，70%出苗后揭膜（下午揭膜）；苗床过干，可用喷壶浇水。

（4）栽培管理

选择无病虫壮苗，苗龄 30~35d，5~6 片真叶，带土坨定植，深栽，埋土至第一片叶柄处，压实；行株距 40cm×30cm，覆黑膜种植。

心叶与外叶齐平时（100~120d）采收；采收期不超过 20d；采收标准 750g/颗；分批采收注意摘除顶端生长点。

（三）水肥管理

定植后小水浇定植水，根据墒情最多浇 1~2 次缓苗水，蹲苗；茎部膨大期（长出 2 个叶环后，约定苗后 30d）视墒情（每 20d 左右）浇小水；晴天上午浇水，浇水后放风；生育期内保持土壤湿润，切忌忽干忽湿，防裂；采收前 15d 停止浇水。

（四）病虫防治

1. 农业防治

按照不同栽培季节，选择抗性品种；与非菊科作物进行 3 年以上轮作；科学水肥管理，冬季注意通过膜下滴灌及覆盖等措施降低设施湿度；彻底清园。

2. 物理防治

设施门、风口安装防虫网；露地栽培需搭防虫网。

每 667m^2 悬挂 60 块性诱剂黄板诱杀白粉虱、蚜虫，黄板南北方向悬挂，高于作物顶端 15~20cm；黏度下降后及时更换。

3. 生物防治

蚜虫、粉虱发生初期异色瓢虫 500 头/667m^2 防治蚜虫；烟盲蝽 500 头/

$667m^2$ 防治粉虱。

4. 药剂防治

及时摘除病叶、拔除中心病株；立枯、猝倒病发病病株铁锹带土挖出，穴内撒生石灰；发病初期喷施500倍氨基酸螯合铜制剂防治病害。

喷施600～800倍1.5%天然除虫菊素防治蚜虫等，每5d一次，连续2～3次。

（五）产品品质

有机莴苣农药残留“0”检出，重金属残留量满足GB 2762《食品安全国家标准　食品中污染物限量》相关要求。

八、菠　菜

（一）环境条件

菠菜为喜冷凉蔬菜，可设施及露地栽培，秋季露地播种翌春收获或早春、秋延可冷棚或拱棚栽培，冬季温室生产；发育最适温度8～20℃，极端4～25℃；设施栽培注意盖膜或放风保持最适温度。设施栽培通风口处安装防虫网，耳房内外分别安装防虫门帘。

有机莴苣生产基地至少应距离主城区、工矿区、交通主干线、工业污染源、生活垃圾场5km。

有机莴苣基地内的环境质量应符合本章第一节中相关要求。

（二）栽培方式

1. 品种选择

根据市场需求选择品种，一般而言，尖叶（种子带刺）品种较为抗寒；春播注意使用晚抽薹品种)；夏季生产时务必选择耐热品种；禁止使用包衣种子。

2. 生产管理

（1）整地做畦

与非藜科蔬菜轮作，清除前茬作物残体及设施栽培北墙、东西山墙、南缘所有杂草；每 $667m^2$ 施腐熟有机肥 $3m^3$。设施栽培密闭闷棚10～15d；旋耕、整地、做畦。

（2）种子处理

用木板在水泥地面搓去尖刺，压散聚合的包果种子；55℃浸种15min；25℃（室温）继续浸种12h，捞出控干水分，待播；播前掺草木灰除湿，与过筛细土混匀。

（3）栽培管理

条播，畦面按20cm开沟，沟深1cm；种子（混细土）均匀播撒，浇足底水，喷施500倍哈茨木霉，播后盖1～2遍过筛细土，以不露种子为宜；冬春季盖白膜，70%出苗后揭膜（下午揭膜）；2片真叶时间苗，苗距5cm；3片真叶时定苗，株距10cm。

（三）水肥管理

4片真叶至采收期，视墒情浇1～2次小水，沟灌（植株禁止接触水），晴天上午浇水，浇水后放风，中耕松土。采收前15d停止浇水。

（四）病虫防治

1. 农业防治

按照不同栽培季节，选择抗性品种；与非藜科蔬菜进行3年以上轮作；科学水肥管理，冬季注意通过膜下滴灌及覆盖等措施降低设施湿度；彻底清园。

2. 物理防治

设施门、风口安装防虫网；露地栽培需搭防虫网。

每667m^2悬挂60块性诱剂黄板诱杀蚜虫，黄板南北方向悬挂，高于作物顶端15～20cm；黏度下降后及时更换。

3. 生物防治

蚜虫、粉虱发生初期异色瓢虫500头/667m^2防治蚜虫。

4. 药剂防治

施栽培时，4片真叶开始，每10d喷施一次500倍木醋液；晴天喷施，喷后放风；注意控制湿度；霜霉病发病初期喷施500倍氨基酸螯合铜制剂防治病害。

喷施600～800倍1.5%天然除虫菊素防治蚜虫等，每5d一次，连续2～3次。

（五）产品品质

有机菠菜农药残留“0”检出，重金属残留量满足GB 2762《食品安全国家标准　食品中污染物限量》相关要求。

第四章　有机果品生产实用技术

第一节　有机果树基地建设与品种选择

一、环境要求

有机果园环境要求应满足 GB/T 19630《有机产品》，以及相关国家、行业法规与标准的要求，结合南阳市具体情况，限值如下。

（一）土壤质量标准

有机果园土壤环境质量要求如表 4-1。

表 4-1　有机果园土壤环境质量要求　（单位：mg/kg）

项　目	限　值		
	pH 值<6. 5	pH 值 6. 5~7. 5	pH 值>7. 5
镉≤	0. 3	0. 3	0. 6
汞≤	0. 3	0. 5	1. 0
砷≤	40	30	25
铜≤	150	200	200
铅≤	250	300	350
铬≤	150	200	250
锌≤	200	250	300
镍≤	40	50	60
六六六≤	0. 5	0. 5	0. 5
滴滴涕≤	0. 5	0. 5	0. 5

（二）灌溉水质量标准

有机果园灌溉用水水质满足应符合表 4-2 规定。

表 4-2　有机果园灌溉水质量要求

项　目	限　值
5 日生化需氧量≤	100mg/L
化学需氧量≤	200mg/L

（续表）

项　目	限　值
悬浮物≤	100mg/L
阴离子表面活性剂≤	8mg/L
水温≤	35℃
pH 值≤	5.5～8.5
全盐量≤	1 000mg/L
氯化物≤	350mg/L
硫化物≤	1.0mg/L
总汞≤	1.0×10^{-3}mg/L
镉≤	1.0×10^{-2}mg/L
总砷≤	0.1mg/L
铬（六价）≤	0.1mg/L
铅≤	0.2mg/L
铜≤	1.0mg/L
氟化物≤	2.0mg/L
氰化物≤	0.5mg/L
石油类≤	10.0mg/L
挥发酚≤	1.0mg/L
苯≤	2.5mg/L
粪大肠菌群数≤	4 000 个/L
蛔虫卵数≤	2.0 个/L

（三）空气质量标准

有机果园环境空气质量应达到表 4-3 标准。

表 4-3　有机果园大气污染物浓度限值

污染物	限　值		
	年平均浓度	日平均浓度	一小时平均浓度
二氧化硫≤	60μg/m^3	150μg/m^3	500μg/m^3
二氧化氮≤	40μg/m^3	80μg/m^3	200μg/m^3
一氧化碳≤	—	4.0mg/m^3	10mg/m^3
氮氧化物≤	50μg/m^3	100μg/m^3	250μg/m^3
臭氧≤	—	160μg/m^3（最大 8h 平均）	200μg/m^3
总悬浮颗粒物≤	200μg/m^3	300μg/m^3	—
≤10μm 颗粒物≤	70μg/m^3	150μg/m^3	—
≤2.5μm 颗粒物≤	35μg/m^3	75μg/m^3	—
铅≤	0.5μg/m^3	1.0μg/m^3（季平均）	—
苯并［a］芘≤	1.0×10^{-3}μg/m^3	2.5×10^{-3}μg/m^3	—

注：“年平均浓度”为任何年的日平均浓度值不超过的限值；“日平均浓度”为任何一日的平均浓度不许超过的限值；“一小时平均浓度”为任何一小时测定不许超过的浓度限值。

二、基地建设

选择地势高，排灌方便，壤土土层深厚、疏松、肥沃、pH 值 6.5~7.5、有机质含量高于 1.5%的地块建设果园。有机果园最佳土壤物理性状为液相（水分）25%，气相（空气）25%，固相 25.0%~37.5%。

新建果园应选取相对独立地块，以便隔离带的建设，确保区边界清晰。

果园周边可种植花椒、蔷薇、蓖麻等景观植物作为隔离带；果园内种植具有挥发性的薄荷、紫苏、万寿菊、夏至草，以及苜蓿、白三叶等功能植物或自然生草，建设以景观和天敌招引、害虫驱避功能性为一体的生物多样性有机果园生态环境。需要注意，果园周边应避免种植槐树、柏树、松树和泡桐等果树病虫害的中间寄主，以免加重梨锈病、白粉病、紫纹羽病，以及尺蠖等病虫害的发生。

三、品种和种苗选择

南阳地区主栽果品包括梨（黄金梨）、桃、葡萄、核桃，以及近年来发展较快的猕猴桃等；选择符合地区土壤和气候特点，适宜南阳地区生产、抗性好、具有市场潜力的优质、特色果品进行栽培。原则上选择已经过市场检验的当前生产的主流种类，在主流种类中选择优质、特色、市场潜力大、成熟期不同的具体品种。

有机果园应采用有机方式育苗，根据季节、气候条件的不同选用日光温室、塑料大棚、连栋温室、阳畦、温床等育苗设施，创造适合种苗生长发育的环境条件。培育健苗、壮苗和无病虫苗；允许使用砧木嫁接等物理方法提高水果的抗病和抗虫能力和获得有机种苗和接穗。

第二节　有机果园土壤管理技术

一、健康土壤标准及果品营养需求

健康的果园土壤是有机果品生产的基础和保障。健康的土壤应该具有合理的固、液、气三项，平衡、充足的营养成分以及活跃的土壤微生物类群，以便持续、稳定、及时、均衡地为果树提供所需营养。

氮素过多一般会减弱植物的抗性：高氮能够增加植株质外体与叶表面的氨基酸和酰胺浓度，诱导病原菌孢子的萌发；通过降低酚类代谢酶活性使酚含量减少，木质素含量降低及硅的积累减少等，从而减弱植株对病原菌入侵的机械阻碍作用；氨基酸种类与含量的变化也会诱发刺吸类害虫虫害的发生。

与氮素不同，钾素营养的改善一般有利于提高果树的抗病性及品质。钾是淀粉合成酶、硝酸还原酶、ATP 酶等多种酶的催化剂，在细胞膜的转运、移动和吸收及调节渗透性等方面发挥着重要作用，能够促进光合作用，增加叶片中 ATP 含量，为碳水化合物的运输与转化提供能量，加速植物生长发育；对多种病害均表现出抑制作用。

钙是植物抵抗病原物侵染，降低病害发生的重要中量营养元素。钙元素有助于维持细胞膜稳定性以及细胞完整性，增强果树对部分病原菌及生理病害的抗性。在采前或采后补充钙元素，可以显著降低苹果、葡萄和樱桃等果实由 *Botrytis cinerea* 引起灰霉病的发病率。

值得注意的是，土壤营养状况不能完全反应树体的营养状况，一般果树氮、钾的含量与土壤碱解氮、土壤速效钾具有正相关关系，而与土壤全氮、全钾含量无关。活跃的土壤微生物有助于矿质营养的释放。优质有机果园土壤表层（5~15cm）土层内的微生物数量应达到 5×10^9 个/g 以上，整个土层应达到 1.5×10^9 个/g；有机转换期的土壤有机质含量应达到 2%以上，完成转换期进入有机果品栽培的土壤有机质含量应在 3%以上。

二、土壤培肥种类及方法

培肥土壤和增强树势在优质有机果品生产中具有关键性作用。培肥土壤是增强树势的最重要栽培技术之一；树势强壮的果树，对苹果腐烂病、粗皮病，桃流胶病等病害的抗性强。果园土壤培肥应遵循“有机化、多元化、无害化和低成本化”的原则，因地制宜利用当地有效肥源，多渠道选择农家肥、矿物肥料、绿肥和生物菌肥进行土壤培肥，并 100%回收和利用（制作堆肥或酵素等）果园自身废弃物补充土壤有机质和养分。

果园生草是提高果园土壤有机质含量最有效的基础措施。生草能防止水土流失，促进土壤团粒结构的形成，提高土壤有机质的含量。豆科植物能固定空气中的氮素补充土壤养分；禾本科植物的根系能大量地形成麦根酸，活化土壤中难以被果树利用的矿质营养元素，改善果树的树体营养状况。此外，科学施用腐熟优质有机肥；根据不同果树营养需求种类和关键时期进行叶面或根部追施可以及时补充树体营养。

有机果园根据土壤和树体情况，每年可施用 2 000~3 000kg/667m^2 充分腐熟的有机肥（畜禽粪肥与秸秆混合）作为基肥。基肥应在秋季开深沟施入。土壤 pH 值超过 7.5 的果园，可施用硫黄粉 50~80kg/667m^2 调节土壤 pH 值。此外，有机果园可随基肥一同施用施麦饭石 150~300kg/667m^2，连续施用 4~5

年；施用蛭石 150~300kg/667m^2，连续施用 2~3 年，有效改善土壤理化性质。

有机果园有机肥应主要源于本农场或有机农场（或畜场），有特殊的养分需求时，经认证机构许可允许购入农场外的肥料。有机肥料的原料应经过堆制且符合堆肥的要求；限制使用有机认证的外购商品肥料。有机果园应控制氮素施用量，纯氮素年施入量不得超过 170kg/hm^2。有机果园允许使用天然来源并保持其天然组分的矿物源肥料，不得采用化学处理提高其溶解性；禁止使用化学合成肥料和城市污水污泥。

第三节　有机果树主要病虫害综合防治技术

一、防治原则

有机果品生产是集环境保护、食品安全和可持续发展为一体的系统工程，要求果园整体生态环境优良，在保证隔离外来各种污染物的基础上，通过果园内部、外部生态环境的改造与建设，构建相对独立生态系统，增加生物多样性，创造天敌的繁殖和栖息场所，通过生态景观和生态功能的有机结合，形成具有特殊的景观和功能强化有机果园生态环境。在此基础上综合协调运用农业、物理、生物、药剂等手段从预防与治疗两方面构建有机果园有害生物防控体系。

二、有害生物防治技术体系

（一）农业措施

1. 环境调控措施

果园周边以“活篱墙”形式，紧密种植花椒、蔷薇等木本植物隔离带；果园地表选择薄荷、紫苏、万寿菊、夏至草，以及苜蓿等天敌诱集和害虫驱避植物，构建相对独立的果园景观生态系统，创造天敌的栖息和繁育场所，通过提高生物多样性达到果园生态系统的稳定性。一方面通过隔离带、地表诱集植物，诱使果园外部天敌迁入，作为果园天敌储备库；另一方面，也可避免果园内天敌在食物不足的条件下迁出果园，造成天敌资源的流失、迁入与迁出过程的大量死亡。

有机桃园种植紫花苜蓿和夏至草，由于紫花苜蓿和夏至草返青、开花较早，可以为早春出蛰的天敌提供蚜虫、花粉及花蜜等食物和栖息场所，因此对龟纹瓢虫、小花蝽等天敌的招引和增殖效果明显，对桃园早期蚜虫的控制作用显著高于普通自然生草地块和清耕地块。

有机梨园种植孔雀草、紫苏、罗勒、荆芥、薄荷和莳萝6种驱避植物，与种植白三叶和清耕园相比，种植孔雀草和莳萝对梨木虱和康氏粉蚧的驱避效果最好。由于莳萝的生长时间较短，因此孔雀草对梨木虱和康氏粉蚧驱避效果最佳。

2. 营养调控措施

植物抵抗病虫草害的能力与其营养水平密切相关，而植物的营养水平取决于其体内元素的种类和比例，处于最佳营养状态的植物具有最强的抗病力。矿质营养是植物正常生长发育所必需的。科学平衡的施肥措施不仅能使果树旺盛健壮，提高果实品质，增强抗病力，而且多数营养元素自身及其代谢物，或作为病原物的营养需要，或通过对其产生毒害等作用直接影响病原物的侵染繁殖。

氮、磷、钾、钙和镁元素均与有机桃果实褐腐病的病情指数成负相关关系，作用大小排序为钙>磷>氮>钾>镁，其中钙元素呈显著负相关。叶面喷施500倍 $CaCl_2$ 溶液，可以显著提高叶片及果实钙含量，同时显著降低褐腐病的发病率及病情指数；土壤施用 $150kg/667m^2$ 矿质肥（钾镁肥）和 $6kg/667m^2$ 天然酸（稻醋液）可显著提高土壤微生物活性，有利于土壤速效钾、交换性钙的释放与植物的吸收，有效降低有机桃果实褐腐病的发生。

3. 其他农业措施

冬、春休眠季节果树修剪、清园，刮除老翘皮，铲除越冬病虫源，将病虫枝条、病果、病叶等集中园外销毁；喷布5°Be′石硫合剂等药剂保护。夏季整形修剪，使树体通风透光，降低树体（冠）间的温湿度；加强水肥管理，行间生草、树冠内除草。秋季剪除病虫枝、诱集害虫、树干涂白。

（二）物理措施

有机果园可通过套育果袋，阻隔害虫为害；选择利用灯光、色彩诱杀、性诱诱杀和机械捕捉害虫；机械、动物和人工除草等措施，防控病虫草害。

1. 套　袋

选择未接触化学药剂的优质育果袋，注意禁止使用自制报纸袋（以免铅污染）。需要注意的是，果实因套袋而降低蒸腾速率，极易导致缺钙，加重桃褐腐病、苹果苦痘病的发生，需根据情况叶面喷施氯化钙进行补充。梨果套袋不严，或育果袋质量差，其袋内适宜的黑暗和温湿度条件会加重梨黄粉蚜的发生。

2. 灯光诱杀

选择黑光灯、高压汞灯等，结合使用水盆式捕杀器、高压电网捕杀器等，利用昆虫的趋光性进行诱杀。值得注意的是，草蛉、瓢虫等大部分果园天敌对于光波均具有较强的正趋性。因此，灯光诱杀措施会对部分天敌造成较大的损失。果园应首先确定主要防治对象，再根据害虫的昼夜节律，定时开、闭灯诱杀以尽量避免杀伤天敌：梨小食心虫的上灯高峰在傍晚和凌晨；苹果小卷叶蛾全夜活动量相似；苹毛金龟和铜绿金龟在开灯后 1h 内比例最高，后半夜没有明显的上灯行为。

3. 糖醋酒液诱杀

糖醋酒液主要用于防治鳞翅类害虫成虫，其成分比例对于诱杀效果有巨大影响，不同害虫的配方也不尽相同，不可随意套用：绵白糖：乙酸：乙醇：水=3：1：3：80 时对梨小食心虫和苹果小卷叶蛾的诱杀效果最佳。此外，需注意按时更换并及时补充陷阱中蒸发的水分，保持各成分比例相对稳定。

4. 性诱剂诱杀

性诱剂主要用于防治鳞翅类害虫成虫，具有专一性，是虫害监测和防治的有效手段。一般情况下，性诱剂陷阱设置数量大于 30 个/667m^2，才能显著效果；有条件的果园可以选择使用迷向丝，节约劳动力成本，增强防治效果。

（三）生物措施

保护和增殖自然界天敌，通过生态环境调控并与药剂等措施相协调，建立天敌栖息地，招引果园外部天敌在园内建立和扩殖种群，并通过定期刈割（果园天敌诱集植被）等措施助迁天敌。

捕食性天敌包括瓢虫、小花蝽等；寄生性天敌包括姬蜂、茧蜂及赤眼蜂等。果园释放赤眼蜂可以有效防控鳞翅类食叶、钻蛀性害虫。赤眼蜂为卵寄生蜂。因此释放赤眼蜂关键要保证“蜂卵相遇”才能达到防控效果：通过性诱剂预测目标害虫产卵高峰期，进行适时放蜂。根据不同果园品种及虫害发生情况，可以按照可按照 3 万~8 万头/667m^2 总量进行释放，成虫羽化高峰期后第二天、第六天和第十天共释放 3 次，分别释放总量的 40%、40%和 20%。赤眼蜂是一类体型小、飞翔能力相对较弱的天敌，其飞行有效半径仅为 10m 左右，且对日晒雨淋等恶劣天气的抗性较差。因此，蜂卡应悬挂在果树中部略靠外的叶片背面（或用一次性纸杯等制成释放器以遮阳、挡雨），放蜂点间隔距离 10m 左右（一般根据栽植行株距，按照隔行或隔株悬挂蜂卡）为宜。注意天气预报，如遇大风、暴雨等恶劣天气时停止释放。天敌释放前后 10 天内果园禁止使用农药。此外，蜂卡应就近从正规厂家购买并及时释放，避免长途运输及长期存放（10~12℃可保存 7d）。

（四）药剂措施

有机果园药剂使用应满足 GB/T 19630.1《有机产品 第 1 部分：生产》的相关要求，利用生物源、矿物源药剂进行病虫害防治，受环境条件影响小，见效快，特别适于害虫盛发期及冬季清园时使用。常用药剂包括石硫合剂、波尔多液、轻质矿物油、1.5%天然除虫菊素、苦参碱、苏云金杆菌及白僵菌等，注意根据不同病虫害发生按情况和安全间隔期轮换施药。

三、主要病害及防治技术

（一）梨树病害

1. 梨黑星病

梨黑星病又称疮痂病，病原菌为子囊菌门真菌 *V. nashicola Tanak* et Yamamota，是南阳地区黄金梨主要病害，严重时引起早期大量落叶，幼果畸形不能正常膨大。病树第二年结果减少，严重影响产量和质量。

（1）症　状

该病从落花到果实近成熟期均可发生，病部形成显著的黑色霉烟状霉层。梨黑星病菌能够侵染梨树果实、叶、新梢、芽、花序等所有绿色幼嫩组织，以果实和叶片受害最重。

果实自幼果期至成熟期均可受害，近成熟期最易受害。发病初产生淡黄色圆形斑点，后逐渐扩大，稍凹陷，条件适合时病斑长满黑色霉层，条件不合适时呈绿色斑，称为“青疔”；后期病斑木栓化，坚硬、凹陷并龟裂。幼果受害形成畸形果，造成果实早落；成果期受害形成圆形凹陷斑，表面木栓化、开裂，呈“荞麦皮”状；病果或带菌果实冷藏后，在病斑上产生浓密的银灰色霉层。

叶片以幼叶最易感病，初期叶背面主脉和支脉之间出现辐射状黑色霉状物，后霉状物对应的正面出现淡黄色斑，严重时叶片枯黄、早期脱落。芽部亚顶芽受害最重，其下 3~4 个芽也较易受害，主要表现为鳞片变黑并产生黑色霉状物。

（2）发病规律

病原菌主要以菌丝体在病芽鳞片间或鳞片内越冬，翌年病芽萌发长出病梢，产生分生孢子，成为主要初侵染来源。其分生孢子及未成熟的假囊壳亦可在带病落叶上越冬，成为初侵染来源。病菌主要依靠风雨传播，田间发生主要有两个时期，一是落花后至麦收期，病梢出现以及病菌由病梢向幼叶、幼果转移引起幼叶、幼果发病并积累菌量的时期；另一个时期是采收前 1~1.5 个月，果实接近成熟，对病菌较为敏感的时期。

降水对梨黑星病影响最大：多雨年份病重，5—7 月降水量大，日照不足，空气湿度大，极易引起病害流行；发芽后一个月及采收前一个半月，若阴雨连绵，发病率明显增加。

地势低洼、树冠茂密、通风不良、湿度较大的梨园，以及树势衰弱的梨树，都易发生黑星病。

（3）防治方法

防治梨黑星病必须强调预防为主，把病害控制在未发或初发阶段。根据各地的经验，主要抓住两个关键环节，一是处理越冬菌源，减少初侵染来源，二是防止后期感染，控制病害。

①秋冬季清园，彻底清除园内外落叶和落果，剪除病梢，集中销毁；春季发病初期，及早摘除发病花序以及病芽、病梢等，防止病害蔓延。

②排出田间积水；合理整枝修剪，科学施用有机肥，增强树势，提高抗病力。

③发病初期 600 倍 1：2：200（硫酸铜：生石灰：水）波尔多液或 500 倍氨基酸螯合铜制剂。

④入库前要进行严格挑选，杜绝病果入库；果实入库后应采用 5℃ 以下的低温贮藏。

2. 梨锈病

梨锈病又名赤星病，俗称“羊胡子”，病原菌为担子菌门梨胶锈菌 *Gymnosporangium asiaticum* Miyabe ex Yanmada，是梨树重要病害之一，引起叶片早枯，幼果畸形、早落。

（1）症　状

该病主要为害叶片和新梢，严重时也能为害幼果。受害叶片初期正面出现橙黄色、有光泽的小斑点，后逐渐扩大为径直为 4~7mm 近圆形病斑。病斑中部橙黄色，边缘淡黄色，外缘具一层黄绿色晕圈，表面密生橙黄色针状小粒点（性子器）；潮湿时，溢出淡黄色黏液（性孢子）；黏液干燥后，小粒点变为黑色；病叶正面微凹陷，背面隆起，长出多条黄褐色毛状物（锈子器）；锈子器成熟后，先端破裂，散出黄褐色粉末，即病菌的锈孢子。后期病叶变黑枯死多引起早期脱落。

幼果受害，初期病斑大体与叶片上的相似，后期在同一病斑的表面，产生灰黄色毛状的锈子器。

（2）发病规律

病原菌以多年生菌丝体在桧柏病组织中越冬。翌年担孢子随风雨传播到梨树的嫩叶、新梢及幼果上为害。梨叶片展叶 20d 内易感染。病菌无再侵染，担孢子传播距离约 2.5~5km。

春季适温多雨是造成梨锈病流行的重要因素。园区周边周围 1.5~3.5km 范围内桧柏等转主寄主越多，病害发生越重。

（3）防治方法

①选择周边5km以内无桧柏的地块建园。园区周边桧柏不能清除时，每年3月（梨树发芽前）对桧柏等转主寄主先剪除病瘿，然后喷布石硫合剂或波尔多液。

②梨树萌芽期至展叶后25d内为关键时期。周边有桧柏或往年发病严重的梨园可喷施600倍1：2：200（硫酸铜：生石灰：水）波尔多液；500倍氨基酸螯合铜制剂；0.3~0.5°Be′石硫合剂等药剂，10~15d一次，连续2次。注意盛花期避免用波尔多液，以防止发生药害。

3. 梨轮纹病

梨轮纹病又称瘤皮病、粗皮病，病原菌有性阶段为子囊菌门葡萄座腔菌属*Botryosphaeria dothidea*（Moug.）Ces. et De Not，是南阳地区黄金梨重要病害之一。枝干发病导致树势早衰；果实受害，造成烂果，并且引起贮藏果实的大量腐烂。此病除为害梨树外，还可为害苹果、桃、杏、花红、山楂、枣、核桃等多种果树。

（1）症　状

该病主要为害枝干及果实，有时也可为害叶片。受害枝干常以皮孔为中心产生褐色水渍状斑，后逐渐扩大成为直径约5~15mm近圆形或扁圆形的暗褐色病斑，中心隆起，呈疣状，质地坚硬。后期病斑周缘凹陷，颜色变青灰至黑褐色，翌年产生许多黑色小粒点（分生孢子器）。随树皮愈伤组织的形成，病部四周隆起，病健交界处产生裂缝，病部边缘翘起呈马鞍状。病斑如此连年扩展，形成以皮孔为中心的同心轮纹状病斑。多个病斑相连，导致树皮粗糙，故称“粗皮病”。

果实多在近成熟期或贮藏期发病。病斑均以皮孔为中心，初为水渍状浅褐色至红褐色圆形坏死斑，逐渐扩大形成浅褐色与红褐色至深褐色相间的同心轮纹。贮藏期果实发病，一般不形成明显轮纹病斑，病斑中部颜色较浅，呈浅褐色，外圈颜色较深，呈黑褐色至黑色的宽边。

（2）发病规律

病原菌以菌丝体、分生孢子器及子囊壳在发病部位越冬，为翌年主要初侵染源。菌丝在染病组织中可存活4~6年。梨树的整个生长季节均可受侵染。分生孢子可借雨水传播，从枝干的皮孔、气孔及伤口处侵入。

温暖、多雨时发病重。气温高于20℃，相对湿度在75%上或降水量达10mm时，病害传播最快。

果园土壤瘠薄、黏重、板结、偏施氮肥、有机质少，根系发育不良、负载量过多、枝干受害重、树势弱，均可导致枝干轮纹病严重发生。

（3）防治方法

①新建果园应苗木检验，防止病害传入；苗木出圃时须严格检验，防止病害传到新区。

②秋冬季清园，及时清除园内残枝落叶，剪除染病枝和病虫枝，集中园外销毁。早春彻底刮除树干上的病瘤及老翘皮，涂抹石硫合剂或生石灰等药剂铲除潜伏病菌或控制病菌扩展，保护枝干。

③加强土肥水管理，适当增施有机肥；科学修剪，合理疏花、疏果，幼树修剪时忌用病枝做支架；定果后套育果袋；及时摘除田间病果园外销毁；有效防控吉丁虫等钻蛀害虫，减少树干伤口；果实入库前严格剔除病果及伤残果，0～5℃条件下低温贮运。

④冬剪后全园树干涂白；萌芽前，喷施5°Be′石硫合剂；发病初期喷施1：1：240（硫酸铜：生石灰：水）波尔多液或30%碱式硫酸铜或500氨基酸螯合铜制剂，防治关键时期为落花后1周到果实皮孔封闭期结束，雨量多时适当增加喷施次数。

4. 梨黑斑病

梨黑斑病是梨树上重要病害之一，病原菌为无性孢子类 *Venturia nashicola* Tanak et Yamamota 真菌，严重时导致大量裂果，早期落果、落叶，嫩梢枯死，对树势和产量影响大。

（1）症　状

该病主要为害叶片，果实及枝梢很少发病。幼叶最易感病，初期叶面形成0.1～1.0cm近圆形、微带淡紫色轮纹黑斑；后期多病斑合并为不规则大斑，引起叶片畸形，造成叶片早落。成叶染病，叶面现2cm左右，微显轮纹的淡黑褐色病斑。潮湿时，病斑表面遍生黑霉（分生孢子梗及分子孢子）。展叶1个月以上的叶片不易受害。

（2）发病规律

病原菌以分生孢子及菌丝体在被害枝梢、病芽、病果梗、树皮及落于地面的病叶、病果等病残体上越冬，翌年春季产生分生孢子借风雨传播，孢子萌发后经气孔、皮孔或直接侵入寄主组织，引起初次侵染。病菌可在田间多次再侵染。24～28℃适温条件下，同时连续阴雨，易于黑斑病的发生与蔓延；30℃以上高温天气，并连续晴天，病害停止蔓延。果园有机质含量不足或偏施氮肥，地势低洼，植株过密，发病重。

（3）防治方法

梨黑斑病的防治应以加强栽培管理，提高树势，增强抗病力为基础；结合清园，消灭越冬菌源；生长期及时药剂保护，防止病害蔓延。

①冬季清园，剪除有枝，清除落叶、落果，集中园外销毁。发生较重的梨园，冬季修剪要重。一方面可以增进树冠间的通风透光；另一方面，可以大量剪除病枝梢，减少病菌来源。

②加强栽培管理，间作绿肥或增施有机肥料，增强树势，提高抗性；地势低洼，排水不良的果园，做好排水工作；发病后及时摘除病果，减少侵染菌源定果后套育果袋。

③发病果园，萌芽前喷施 4～5°Be′石硫合剂。发病初期喷施 1∶2∶240（硫酸铜∶生石灰∶水）波尔多液，10d 左右一次，连续 2～3 次；尽量雨前进行，雨后喷药效果较差。

5. 梨干枯病

梨干枯病，病原菌为无性孢子类福士拟茎点霉菌 *Phomopsis fukushii* Tanaka et Endo，患病枝干开裂，皮层腐烂或枯死，危害极大。

（1）症　状

苗木受害，初期茎干表面出现圆形、污暗色水渍状斑点，往后逐渐扩大成椭圆形、梭形或不规则形红褐色病斑。病部逐渐下陷，病健交界处出现裂缝，后期病斑表面散生黑色细小粒点（分生孢子器）。病斑凹陷部分超过枝干直径 1/2 时，病部以上枝干逐渐枯死；遇到大风天气，易折断。成年梨树主干及分枝都可受害，第一分枝上发生较多，症状与苗木上相似。

（2）发病规律

病原菌以多年生菌丝体及分生孢子器在被害枝干上越冬。翌春分生孢子借风、雨水及昆虫传播，进行重复侵染。

土层瘠薄、肥料不足，树势差的梨园发病重；地势低洼，排水不良的果园发病较重。

（3）防治方法

①调运苗木时必须严格检验，有病苗木禁止调运。

②秋冬季清园，清扫病叶，结合冬剪，剪除病枝或枯枝，刮除病斑，将病残集中园外销毁；喷施一次 5°Be′石硫合剂；树干涂白防日灼、冻害。果园内应开深沟。

③梨园注意排水，降低地下水位；增施有机肥，增强树势，提高抗性。

④萌芽前施一次 5°Be′石硫合剂；发病初期刮除病斑，伤口涂波尔多液保护；成年树发病，参照梨轮纹病的防治方法。

（二）桃树病害

1. 桃褐腐病

桃褐腐病又称菌核病、灰腐病、灰霉病，病原菌为半知菌亚门丝孢纲丝孢目丛梗孢属（*Monilia*）真菌，是桃树主要病害之一，不仅造成落果和烂果，而且在贮运期中亦可继续传染发病，危害严重。

（1）症　状

该病以果实受害最重，亦能为害花、叶及枝梢。果实自幼果至成熟期均可受害，近成熟时受害最重。发病初期，果面产生褐色圆形病斑，环境条件适宜时，数日内可扩及全果，果肉变褐软腐。后期病斑表面密生同心轮纹状灰褐色绒状霉丛（分生孢子层）。病果腐烂后易脱落，少数因失水成为僵果悬挂于树上，为翌年侵染源。幼果期受侵染，除伤果外，一般不随即发生果腐。

（2）发病规律

病原菌以菌丝体在树上僵果、病枝或残留的病果果柄等部位越冬。晚冬早春，温度达5℃以上，遇冷湿条件，产生分生孢子，通过风、雨或昆虫传播，经虫伤、机械伤口或皮孔侵入果实，也可直接从柱头、蜜腺侵入花器造成花腐，再蔓延到果柄和枝梢。环境条件适宜时，病果、病花表面长出大量分生孢子，引发再侵染。贮藏期病果与健果接触，可引起果实大量腐烂。春季在果园土壤潮湿的地方，掩埋于土面以下或半埋于土中的僵果上，假菌核生成子囊盘，产生子囊孢子，成为初侵染接种体的重要来源。附近如有撂荒园或野生李属果树，树丛下的病果产生子囊孢子可能传入园内。因国内尚未发现有性阶段，故分生孢子在初次侵染中起主要作用。春季多雨，湿度大，果实成熟期温暖、多雨、多雾，易引起果腐；果实表皮角质层厚、果肉硬脆的品种抗性较强；树势衰弱，地势低洼或通风透光较差的果园发病较重。

（3）防治方法

褐腐病自花期至果实成熟期均可发生，并延续到采后的运销期、货架期继续发展，防治须贯彻于整个生长期，须重点清除初侵染来源，加强栽培管理，及时治虫并适期施药保护。

①冬季结合修剪做好清园工作，彻底清除树上和地面的僵果和病枝、枯死枝，集中园外销毁；结合施肥进行耕翻，将地面病残体深埋地下。

②保持果园通风透光和排水，科学施用腐熟有机肥，果实膨大期叶面喷施500倍 $CaCl_2$ 溶液，提高果树抗性。

③定果后套育果袋；加强食心虫、桃柱螟和蝽等害虫的防治。

④萌芽前喷施1次3~5°Be′石硫合剂；发病初期喷施500倍氨基酸螯合铜制剂。

2. 桃炭疽病

桃炭疽病病原菌为盘长孢状刺盘孢 *Colletotrichum gloeosporioids* Penz.（*Gloeosporium laeticolor* Berk），属无性孢子类真菌，是桃树重要病害之一，主要

为害果实，幼果期多雨潮湿年份，造成严重落果。

(1) 症　状

该病可侵染叶片和新梢，主要为害果实。受害幼果果面暗褐色，发育停滞，萎缩硬化。大果发病，果面初呈淡褐色水渍状病斑，后随果实膨大扩大为中心凹陷的红褐色圆形或椭圆形斑，潮湿时病斑生橘红色小粒点（分生孢子盘）；成熟果实发病，病斑显著凹陷，具明显同心环状皱缩，常连接成不规则大斑，最后果实软腐脱落。

(2) 发病规律

病原菌主要以菌丝体在病梢组织内及树上僵果中越冬。翌年早春平均气温高于10℃，相对湿度大于80%时，产生分生孢子，随风雨、昆虫传播为害。花期及幼果期低温多雨，果实成熟期气候温暖、多云多雾、高湿易于病害发生；管理粗放，留枝过密，土壤黏重，排水不良，树势衰弱的果园发病重；早熟品种和中熟品种发病较重。

(3) 防治方法

①结合冬季修剪，彻底清除树上的病稍、枯枝、僵果和地面落果，集中园外销毁。春季开花前后及时剪除陆续出现的发病枯枝、卷叶病梢。

②注意果园排水，降低湿度；科学施用腐熟有机肥，提高果树抗性；适当提早套育果袋；发病较重的地区，宜选抗病品种。

③冬季修剪后或早春芽萌动前喷施5°Be′石硫合剂；发病初期发病初期喷施500倍氨基酸螯合铜制剂。

3. 桃缩叶病

桃缩叶病病原菌为子囊菌门外囊菌属的畸形外囊菌 *Taphrina deformans* (Berk.) Tul，早春发病引起初夏的早期落叶，影响当年产量及第二年的花芽形成。

(1) 症　状

该病主要为害桃树幼嫩部分，以叶片为主，亦为害花、嫩梢和幼果。受害嫩叶卷曲发红，随叶片开展，卷曲皱缩程度加剧，叶面凹凸不平，病部肿大，叶肉肥厚变脆。病叶初呈灰绿色，后变为红色或紫红色，叶缘向内卷，严重时全株叶片变形，嫩梢枯死。

(2) 发病规律

病原菌主要以子囊孢子或厚壁芽孢子在桃芽鳞片上或枝干树皮内越冬。翌年春季桃树萌芽时，侵入嫩叶（成熟组织不受侵害）为害。早春低温多雨发病较重；早熟品种发病较重；实生苗桃树易发病。

(3) 防治方法

①冬季彻底清园，病叶集中园外销毁；生长季及时摘除病叶（未形成白粉

状物之前)，减少越冬菌源。

②发病较重落叶严重果园，及时增施腐熟有机费，合理灌水，加强培育管理，促进树势恢复，避免减产。

③桃树落叶后喷 1 次 3°Be′石硫合剂；发病严重果园早春桃芽膨大花瓣露红而未展开之前喷 0.3°Be′石硫合剂；发病初期喷施 500 倍氨基酸螯合铜制剂。

4. 桃穿孔病

桃穿孔病包括细菌性穿孔病和真菌性穿孔病（霉斑穿孔病和褐斑穿孔病）。病原菌分别甘蓝黑腐黄单胞菌桃穿孔致病型 *Xanthomonas campestris* pv. *pruni*（Smith）Dye，以及真菌嗜果刀孢菌 *Clasterosporium carpophilum*（Lew）Aderh 和核果尾孢霉 *Cercospora circumscissa* Sacc，以细菌性穿孔病为多，是常见叶部病害，造成大量早期落叶和枝梢枯死，削弱树势，导致落花落果，果品品质下降。

（1）症 状

①细菌性穿孔病主要为害叶片，亦可为害果实和枝梢。初期病叶现淡褐色水渍状小点，后扩大为直径 1~5mm 的紫褐色至黑褐色的圆形或不规则形病斑，周围具浅黄绿色晕圈。后期病斑干枯，病健组织交界处发生一圈裂纹，脱落后形成穿孔，或部分与叶片相连。

②霉斑穿孔病主要为害桃树叶片、枝梢、花芽和果实。叶片病斑初为淡黄绿色，后变为褐色，圆形或不规则形，直径 2~6mm，斑点具有红晕。幼叶受害大多焦枯，不形成穿孔。潮湿时，病斑背面密生黑色霉状物（分生孢子梗和分生孢子）。

③褐斑穿孔病主要为害叶片，亦为害新梢和果实。受害叶片正面和背面产生直径 1~4mm 圆形或近圆形病斑，中部褐色，边缘紫色或红褐色，略带环纹。后期遇潮湿条件，病斑生灰褐色霉状物，中部干枯脱落，穿孔边缘整齐，严重时导致落叶。

（2）发病规律

①细菌性穿孔病原菌主要在枝条春季溃疡病斑内越冬。翌春借风雨或昆虫传播，经叶片气孔或枝条、果实的皮孔侵入。温暖、多雨、多雾季节易于发生病害；树势衰弱或排水、通风不良果园发病较重；晚熟品种发病较重。

②霉斑穿孔病原菌以菌丝体和分生孢子在病叶、枝梢或芽内越冬。翌春产生分生孢子借风雨传播，先从幼叶侵入，产生新的孢子后，再侵染枝梢和果实。低温多雨易于发病。

③褐斑穿孔病菌主要以菌丝体在病叶或枝梢病组织内越冬。翌春产生分生孢子，借风雨传播，侵染叶片、新枝和果实。低温多雨易于病害发生和流行。

（3）防治方法

①冬季结合修剪，彻底清除枯枝、落叶、落果等，集中园外销毁。

②合理修剪，保持通风透光良；注意排水，降低果园湿度；科学施用腐熟有机肥料，增强树势；尽量避免与李、杏、樱桃等亦可受害的核果类果树混栽。

③萌芽前喷施 1 次 5°Be′石硫合剂；发病初期喷施 500 倍氨基酸螯合铜制剂。

5. 桃树流胶病

桃树流胶病又称疣皮病、瘤皮病，发生较为普遍，易造成树体早衰，甚至死亡。桃树流胶诱因分为生理和病理两大因素：根部（根腐病、线虫病等）、枝干（天牛、吉丁虫、蚱蝉等）、果实（蝽等）病虫为害造成树势衰弱；机械损伤、剪锯口、雹害、冻害、日灼等伤口；水肥管理不当，钾、钙、硼等元素缺乏，修剪过度，土壤板结、黏重或过酸等引起的树体生理失调均可导致流胶。真菌性、细菌性病害（霉斑穿孔病、疮痂病、腐烂病等）亦可引起流胶。侵染性流胶病主要由真菌引起，表观为枝干干腐或溃疡流胶，病原菌分别为子囊菌门的茶镳子葡萄座腔菌 *Botryosphaeria ribis* 和葡萄座腔菌 *Botryosphaeria*. dothidea。

（1）症　状

该病主要为害主干和主枝，受害后分泌出透明柔软的树胶，与空气接触后，逐渐变成晶莹柔软的胶块，最后变成茶褐色硬质胶块。病树随着树龄增大，流胶逐渐加重，并诱致腐生菌侵染，树势日趋衰弱，严重时枯死。

（2）发病规律

长期干旱后突降暴雨，园区黏土、黏壤土或排水不畅，树龄大、树势弱易引发流胶。侵染性流胶病，病原菌以菌丝体、子座和分生孢子器在被害枝条内越冬，翌年分生孢子，经风、雨传播，由新梢皮孔、伤口及侧芽侵入侵染。土质瘠薄，负载量大，树势衰弱均可诱发侵染性流胶病。

（3）防治方法

①冬季清园，结合修剪，清除枯枝、落叶、落果，并集园外销毁；刮除树干粗翘死皮和腐烂病斑，落叶后树干、大枝及时涂白（生石灰 1 份，水 3 份，石硫合剂 0.1 份，食盐、植物油各 0.05 份），预防冻害及日灼伤。

②土壤黏重，有机质含量少、偏酸的果园，秋冬季对桃园深翻改土，补施腐熟有机肥及生石灰，改善土壤理化性状；科学施肥，维持土壤氮磷钾比例 10∶7.5∶13，控制树体负载量，增强树势；低洼，土壤黏重果园做好排水工作。

③生长季通过抹芽、摘心、扭梢、挪枝、拉枝等方法控制无效过旺生长，形成矮化、紧凑、张开形树冠；尽量减少冬季修剪量，避免多伤口；操作中尽可能少造成伤口。

④清园后树干枝芽喷施 1 次 5°Be′石硫合剂；5—6 月天牛产卵为害前再次树干涂白；萌芽前喷施 1 次 5°Be′喷石硫合剂；及时使用 800 倍 1.5%天然除虫菊素等药剂防治蚜虫、介壳虫、食心虫等害虫。

（三）葡萄病害

1. 葡萄霜霉病

葡萄霜霉病是葡萄重要病害之一，病原菌为鞭毛菌门霜霉目的葡萄单轴霜霉 *Plasmopara viticola*（Berk. & Curt）Berl. & de Toni，病叶焦枯早落，病梢扭曲畸形，发育不良，对树势和产量影响较大。

（1）症　状

该病主要为害叶片，亦侵染新梢、卷须、叶柄、花序、穗轴、果柄和果实等幼嫩组织。病叶初生水渍状黄色小斑点，后于叶片正面出现黄色或褐色、不规则病斑。严重时，病斑愈合成大斑，叶片焦枯、脱落。潮湿时病斑背面产生白色霜状霉层。花穗、花梗、幼果、果梗、新梢、卷须、穗轴、叶柄典型症状均为产生白色霜状霉层，造成干梗、开花前后落花落果、病果含糖低、品质变劣。

（2）发病规律

病原菌主要以卵孢子在病组织内或随病残体在土壤中越冬。翌春温度达到 11℃时，卵孢子萌发，生成游动孢子，通过雨水飞溅传播到葡萄上，成为初侵染来源。生长季节可多次再侵染。叶片表面水分是霜霉病发生的关键因素。春季多雨潮湿发病早；夏天连续降雨不但提供病害爆发的气候条件，而且会刺激新梢、幼叶的生长和组织含水量的增加，使植株更易感病，从而导致病害流行和大爆发。地势低洼、植株过密、棚架低矮、郁闭遮阴、偏施氮肥和树势衰弱的果园病害发生较重。美洲系统葡萄较抗病，欧洲系统的葡萄较感病，一般欧美杂交种抗性较强，欧亚种次之。

（3）防治方法

①晚秋清扫病叶、病果，剪除病梢，集中园外销毁，减少病菌来源。

②新建园区，种条、种苗消毒；采用避雨栽培；行间生草；选择合理的架式（如倾斜主干水平龙干单篱架、Y 形架式等），科学修剪，保持架面通风透光；加强营养和水分调控；实施微灌、滴灌及膜下灌水等节水降低地面湿度。

③科学施用腐熟有机肥，补充磷、钙元素，提高抗性；合理疏花、疏果、掐穗尖等，控制负载量在 1 000~1 500kg/667m^2；提倡果实套袋。

④葡萄埋土前喷施 1 次 5°Be′石硫合剂、萌芽期喷施 1 次 0.5°Be′石硫合剂，兼治葡萄白粉病；花前、花后喷施 500 倍氨基酸螯合铜制剂；雨季前喷施植物油肥皂液（植物油：肥皂液 = 3：1）400 倍；雨季，雨后及时喷施 1：1：200（硫酸铜：生石灰：水）波尔多液进行保护；重点注意叶背面均匀着药。

2. 葡萄黑痘病

葡萄黑痘病又名疮痂病、鸟眼病，病原菌无性阶段为葡萄痂圆孢菌 *Sphaceloma ampelinum* de Bary，是葡萄重要病害之一，引发新梢和叶片枯死，果实失去食用价值。

（1）症　状

该病主要为害葡萄幼果、嫩叶、叶脉、叶柄、枝蔓、新梢和卷须等幼嫩部分，以果粒、叶片和新梢受害最重。

染病幼果初现圆形深褐色小斑，后逐渐扩大为直径 2~5mm 的中央凹陷灰白色，外部深渴色，周缘紫褐色“鸟眼”状斑。多个病斑可连接成大斑，后期病斑硬化或龟裂。病果小而酸，失去食用价值。气潮湿时，病斑出现黑色小点并溢出灰白色黏质物。新梢受害严重时，停止生长，萎缩枯死；穗轴发病全穗或部分小穗发育不良；果柄患病可使果实干枯脱落或僵化。

（2）发病规律

病原菌以菌丝体潜伏于病蔓、病梢等组织中越冬，亦可于病果、病叶等部位越冬。翌春产生分生孢子，经风雨传播到幼嫩叶片或新梢上为害。春、夏（初夏 4—6 月）两季多雨潮湿发病较重；地势低洼、排水不良，通风透光性差，树势衰弱、徒长，发病较重；多数西欧及黑海品种、欧美杂交种抗性较强。

（3）防治方法

①选择抗性品种。

②新建园区须对苗木、插条严格检验，发病重的销毁；可疑苗木在萌芽前用 3%~5%的硫酸铜溶液全株浸泡 3~5min 消毒。

③秋冬季清园，仔细剪除病梢，摘除僵果，刮除病、老树皮，彻底清除地面落叶、病穗、烂果，集中园外销毁。

④生长季节及时摘除病果、病叶和病梢，降低田间菌量；均衡施肥，控制果实负载量，增强树势；低洼果园防积水；保持园内通风透光，降低田间湿度。

⑤葡萄埋土前喷施 1 次 5°Be′石硫合剂，萌芽期（芽鳞膨大但尚未出现绿色组织时）喷施 1 次 0.5°Be′石硫合剂；注意喷布树体及枝干四周的土面，减

少病害的初侵染来源。

⑥花期和幼果期是防治关键时期，重病果园可于二叶一心期、花前 1～2d、谢花 80%及花后 10d 左右各喷施 1 次 500 倍氨基酸螯合铜制剂。

3. 葡萄炭疽病

葡萄炭疽病又称晚腐病、枯腐病，病原菌主要为胶孢炭疽菌 *Colletotrichum gloeosporioides* Penz. & Sacc.，是近成熟期葡萄果实重要病害。

（1）症　状

该病主要为害着色期或近成熟期的果实，亦可为害葡萄叶片、叶柄、新梢、卷须、花穗、穗轴和果梗等，但不表现明显症状。病原菌自幼果期侵入，果实着色后，症状显现：初期病果可见褐色圆形小斑点，后扩大呈现褐色或玫瑰色的水渍状圆形或不规则斑块。病斑凹陷、腐烂，后期现黑色、轮纹状小颗粒（分生孢子盘），潮湿时长出粉红色黏质物（分生孢子团）。果梗及穗轴发病，产生暗褐色长圆形凹陷病斑，影响果穗生长，严重时发病部位以下的果穗干枯脱落。

（2）发病规律

病原菌主要以菌丝体潜伏于结果枝蔓、一年生枝蔓的皮层、叶痕、叶柄、穗轴和卷须等处越冬，亦可以分生孢子盘在病果、枯枝落叶等病组织内越冬。翌春天葡萄展叶、幼穗分化和开花期，产生大量分生孢子，借助风雨、昆虫传播，经伤口、皮孔或直接穿透表皮侵入侵染为害。

高温、多雨是病害流行的主要条件。果实近成熟期，病原菌侵染的环境临界值为 24h 降雨时数 4h 以上，且相对湿度大于 85%持续 7h 以上。欧美杂交种、早熟品种、皮厚品种发病较轻。排水不良、架面低矮、通风透光不良果园发病重。

（3）防治方法

①雨量大或重病地区，选择抗病品种。

②秋冬季结合修剪，彻底剪除病枝、病叶、病果穗等病残体，连同枝枯落叶集中园外销毁。葡萄出土上架前，剥掉老皮，枝蔓喷施 3°Be′石硫合剂铲除越冬菌源。

③生长期及时摘心、处理副梢、绑蔓，保持通风透光；及时剪除罹病器官，集中销毁；适当提高结果部位；科学施用腐熟有机肥，提高抗性；采用微灌、滴灌及膜下灌水等节水方式；实施果实套袋。

④发病初期喷施 500 倍氨基酸螯合铜制剂。

4. 葡萄灰霉病

葡萄灰霉病俗称“冒烟病”，病原菌无性阶段为无性孢子类真菌灰葡萄孢

Botrytis cinerea Pers.，主要为害花序、幼果及成熟果实，导致鲜食葡萄产量下降，以及贮藏、运输中的腐烂，影响酿酒葡萄品质。

（1）症　状

该病主要为害花序、幼果和成熟的果实，亦为害新梢、叶片、穗轴和果梗等器官。受害花序初现烫伤状淡褐色水渍斑，很快变为暗褐色、软腐；干燥时，受害花序萎蔫干枯；潮湿时，受害花序及幼果上生灰色霉层（菌丝和子实体）。果实受害初期，产生褐色凹陷斑，后迅速扩展到全果引起腐败，并生灰色霉层。

（2）发病规律

病原菌主要以秋季枝条上形成的菌核或以菌丝体于树皮和休眠芽内越冬。翌春产生分生孢子，借风、雨传播侵染，通常于早春花期侵入，在果实近成熟期和贮藏期出现症状。花期和坐果期气温偏低、多雨，冰雹、鸟类、虫害及农事操作等造成伤口增多，排水不良，徒长、架面郁闭、通风透光差，土壤黏重、偏碱，保护地内湿度过大等因素均易诱发病害的流行。

（3）防治方法

①选择抗性品种，尽量不栽果皮薄、穗紧及易裂果品种。

②收获后及时清除田间病果、病叶、枝条等，集中园外销毁；冬季彻底清园。

③生长期及时剪除病果穗等病组织；收获期彻底清除病果，避免贮运期病害扩展蔓延。

④科学施用腐熟有机肥，补充磷、钾元素，增强树势，提高抗性；采用微灌、滴灌及膜下灌水等节水方式；实施果实套袋。

⑤发病初期喷施500倍氨基酸螯合铜制剂，防治适期为花期前后、封穗期、转色后。

5. 葡萄根癌病

葡萄根癌病又称冠瘿病、根头癌肿病、根瘤病，病原菌为葡萄土壤杆菌 *Agrobacterium vitis* Ophel & Kerr，患病植株地上部衰弱，产量、品质下降，经济寿命缩短，严重时植株干枯死亡。

（1）症　状

该病属于系统侵染性病害，主要为害根、根颈和老蔓，生长期内均可发生。典型症状是发病部位组织增生，出现大小不等、形状各异的数个瘤状突起。瘤体初期较小，色浅，表面光滑，质地柔软；后逐渐变为褐色，表面粗糙龟裂，质地坚硬。潮湿时，老熟病瘤易腐烂脱落，具腥臭味。受害植株皮层及输导组织被破坏，树势衰弱，植株矮小，提早落叶，严重时全株干枯死亡。苗木根癌病多发生在接穗和砧木愈合的部位。

（2）发病规律

病原菌主要在病组织及土壤中越冬，可存活 2~3 年；条件适宜时，通过机械伤口、虫伤、雹伤等各种伤口侵染；借降水、灌溉水、地下害虫（蛴螬、蝼蛄）、病组织接触摩擦、修剪工具及带菌肥料等近距离传播；经带菌苗木、接穗、砧木等繁殖材料远距离传播。

温度适宜（旬平均气温 20~23.5℃），降水多，湿度大，土质碱性、黏重，地下水位高，排水不良，冰雹伤及冻害葡萄园发病重。玫瑰香、巨峰等高度感病。

（3）防治方法

①严格检疫，新建葡萄园禁止从病区引进种苗和接穗；发现病株苗木彻底剔除烧毁。

②新建园区，选择抗性砧木及葡萄品种；利用未发生过根癌病的地块作育苗圃；苗木和种条栽植前用 3°Be′石硫合剂或 100 倍硫酸铜液浸泡 5min；栽植时浇灌 6×10^8 个孢子/g 哈茨木霉 300g/1 000 株。

③合理操作农事操作，避免产生过多伤口；按照 N：P：K=1：0.7：1.3 科学施用腐熟有机肥；冬季做好防寒工作，避免冻害发生。

④生长期及时拔除、销毁病株，根际土壤用 100 倍硫酸铜溶液消毒处理。

⑤发病园区及时刮除病瘤，彻底清除变色的形成层，涂抹 5°Be′石硫合剂或 2%硫酸铜倍液保护伤口。病组织集中园外销毁。

（四）猕猴桃病害

1. 猕猴桃溃疡病

猕猴桃溃疡病为细菌性病害，病原菌为假单胞杆菌 *Pseudomonas syringae* pv. *actinidiae* Takikawaetal，为害树干、枝条、花及叶片，导致枝干溃疡或枝叶萎蔫、枯死，严重时全株死亡。

（1）症　状

该病主要为害树干、枝条，多从幼芽、皮孔、叶痕、枝条分叉部或嫁接处开始发病。病部位初呈水渍状，然后病斑扩大，颜色加深，皮层分离，后期病部皮层纵向开裂和髓部均变褐腐烂。潮湿时病部产生白色黏质菌脓，与植物伤流混合后呈锈色。病菌可侵染至木质部造成局部溃疡腐烂，影响养分的输送和吸收，导致树势衰弱以致死亡。受害叶片产生暗褐色具黄晕不规则病斑，后期萎蔫枯死。

（2）发病规律

病原菌主要在发病枝蔓上越冬，亦可随病残体在土壤中越冬，翌春自病部溢出，借风雨及昆虫传播。冬季冰雹、冻伤等造成伤口，早春低温多雨，虫害严重区及修剪伤口过多，氮肥过多导致徒长、郁闭，迎风、阴坡，低洼积水园区，发病较重。红阳品种相对发病较重。

（3）防治方法

①严格检疫，杜绝患病种苗，接穗等异地传播。

②选择抗性品种。

③冬季清园，彻底刮除病斑，扫除落叶、病虫果，剪除病虫枝，集中园外销毁。春季主干发病不严重的植株，用消毒刀刮除患病皮层及一圈好皮，伤口涂 5°Be′石硫合剂，5d 一次，连续 3~4 次。

④科学水肥管理；减少虫伤、冻伤以及机械伤口；防治增强树势，提高抗性。修剪病树后，工具消毒。

⑤清园后、萌芽前各喷施一次 5°Be′石硫合剂；发病初期，喷施 500 倍氨基酸螯合铜制剂，5d 一次，连续 2~3 次。

2. 猕猴桃黑斑病

猕猴桃黑斑病为一种真菌病害。病原菌无性世代为半知菌亚门的猕猴桃假尾孢 *Pseudocercospora actinidiae* Deighton，主要为害叶片，果实和枝蔓，严重影响称猴桃生长及果实品质。

（1）症　状

该病主要为害叶片、枝蔓和果实。受害叶片初期于叶背面生灰色绒毛状小褐斑，后逐渐扩大成灰色或黑色霉斑，严重时数十至上百小病斑连合成大病斑，整叶枯萎，脱落。枝蔓受害，初期在表皮出现水渍状，稍凹陷的黄褐色至红褐色纺锤形或椭圆形病斑，后扩大并纵向开裂肿大，形成愈伤组织，现典型溃疡状病斑。病部表皮或坏死组织上产生黑色小粒点或灰色绒霉层。病果初现灰色绒毛状小霉斑，以后扩大成灰色至暗灰色大绒霉斑，随后绒霉层开始脱落，形成明显凹陷的近圆形病斑。皮下果肉呈褐色或紫褐色坏死，形成锥状硬块。果实后熟期间果肉变软、发酸，至全果腐烂。

（2）发病规律

病原菌以菌丝体和分生孢子器在病枝、落叶及土中越冬，翌春花期前后产生孢子囊，释放出分生孢子，借风雨传播，通常近地面叶片首先发病，继而向上蔓延。栽植过密、支架低矮、枝叶稠密或徒长、通风透光不良，生长前期连续阴雨，低洼、易涝果园发病重。套袋及避雨栽培园区发病较轻。

（3）防治方法

①结合冬剪清园，将病残体及落叶彻底清除集中园外销毁；清园后及萌芽前各喷施一次 5°Be′石硫合剂。

②采用避雨栽培；定果后及时套商品育果袋。

③科学修剪，改善通风透光条件；合理水肥管理，控制氮素，补充液面钙肥，提高树势，增强抗性。

④发病初期及时剪除发病中心病枝蔓，集中销毁。

⑤发病较重果园，谢花后及套袋前喷施500倍氨基酸螯合铜制剂。

3. 猕猴桃软腐病

猕猴桃软腐病又称果实熟腐病，西峡地区病原菌主要为子囊菌门葡萄座腔菌科葡萄座腔菌 *Botryosphaeria dothidea*，主要为害成熟果实，是储存期重要病害。

（1）症　状

该病主要为害成熟果实。病果初期果肉出现直径约5mm的褐色酒窝状微凹。皮下果肉病斑边缘呈暗绿色或水渍状，中间常有深入果肉的乳白色锥形腐烂，数天内可扩展至果肉中间导致整个果实腐烂。

（2）发病规律

病原菌以菌丝体、分生孢子和子囊壳在枯枝、果梗上越冬。翌春分生孢子借风雨传播，经皮孔侵入，幼果至成熟期均可侵染。该病通常在果实发育期即已感染，以菌丝在果皮附近组织内潜伏，成熟期或者采收后开始表现病症，部分在贮藏或后熟期发病，多数发病于可食期。

孢子传播范围一般不超过10m，借大风可传播20m左右。

贮运中，果实通过接触传染；果实越近成熟，后熟期温度高于15℃，病害就易流行。

（3）防治方法

①冬季清园，病虫枯枝、落叶集中园外销毁。萌芽前喷施5°Be′石硫合剂。

②合理肥水，科学修剪，增强树势，提高抗性。

③谢花后1周套袋。

④谢花后2周至果实膨大期喷施500倍氨基酸螯合铜制剂，3周一次，连续2~3次。幼果期结合喷药进行根外喷施0.2%~0.3%氨基酸钙肥2~3次。

⑤低温贮存。

4. 猕猴桃根腐病

猕猴桃根腐病为一种毁灭性的真菌病害，是由疫霉 *Phytophthora* spp 及蜜环菌等多种病原菌所引发根腐的统称。

（1）症　状

该病主要为害根部。由密环菌引起的病害多从根颈部先发病，初期根颈部皮层出现黄褐色水渍状斑块，后逐渐变黑软腐，韧皮部和木质部分离，易脱落。病株地上部新梢细弱、叶片小、叶色淡和长势弱。土壤湿度大时，病斑迅速扩大，整个根系变黑腐烂，地上部叶片迅速变黄，最后整株萎蔫死亡。疫霉菌引发的根腐主要表现为：根尖感病，逐渐向内部发展，地上部分生长衰弱，萌芽迟，叶片小，枝蔓顶端枯死；根茎部感病，病部出现环状腐烂，土壤潮湿时产生白色霉状物。

（2）发病规律

病原菌随病残组织在土壤中越冬。翌春树体萌动后，随耕作或地下害虫活动传播，经根部伤口或根尖侵入。土壤板结、透气性差，苗木栽植过深，夏季降雨多、园区积水，根部冻伤、虫伤和机械伤等伤口过多，树势衰弱，抗性下降的园区根腐病严重。发生根腐病的果园不能再次栽植建园。

（3）防治方法

①禁止在发病地块建园；选择无病地块育苗，培养、栽植无病壮苗。

②定植前每 1 000 株用 6×10^8 个孢子/g 哈茨木霉 300g 浸根及根颈部 3h。

③控制地下害虫，减少根部伤口；提高土壤腐殖质含量，促进根系的生长；开沟排水，降低地下水位；集中销毁土中残留树桩及发病根系。

④发病初期，用 3°Be′石硫合剂涂抹根颈，每 1 000 株用 6×10^8 个孢子/g 哈茨木霉 300g 灌根，每周 1 次，连续 2~3 次。

（五）核桃病害

1. 核桃炭疽病

核桃炭疽病病原菌有性阶段为子囊菌门围小丛壳菌 *Glomerella cingulata*（Stonem.）Spauld. et Schrenk，无性阶段为胶孢炭疽菌 *Colletotrichum gloeosporioides*（Penz.）Sacc.，是核桃主要病害之一，潜伏期长、发病时间短、爆发性强，经济损失大。

（1）症　状

该病主要为害果实、叶片、芽和嫩梢。病果病斑初呈褐色，后为圆形黑色，中央凹陷，内生褐色至黑色点状突起，常呈同心轮纹状排列。潮湿时，黑点溢出粉红色黏稠状物（分生孢子盘及分生孢子）。叶片病斑不规则，常叶缘枯黄、上卷，或在主侧脉之间现长条状枯斑和圆形褐斑，严重时落叶。

（2）发病规律

病原菌以菌丝体或分生孢子盘在病枝、病叶叶痕、病果及芽鳞中越冬。翌春温度高于 20℃，相对湿度达 80%时，子实体破裂释放分生孢子，借风雨和昆虫传播，经伤口和皮孔、气孔等自然孔口直接侵入。雨季早、时间长，高温、潮湿，土壤黏重，地下水位较高、通风透光不良，园区发病早且重。晚熟、厚皮品种抗性相对较强。

（3）防治方法

①冬季清园，结合修剪，清除病枝、落果与落叶，集中园外销毁。

②选用适南阳气候的抗病品种；合理密植，防止果园郁闭；科学施用腐熟有机肥，提高树体抗性；生长季节注意排水。

③清园后、萌芽前各喷施 1 次 5°Be′石硫合剂，消灭越冬病菌；展叶前喷施 1∶2∶200（硫酸铜∶生石灰∶水）波尔多液。发病初期喷施 500 倍氨基酸螯合铜制剂，每 10d 一次、连续防治 2~3 次。

2. 核桃黑斑病

核桃黑斑病又名黑腐病、细菌性黑斑病，病原菌为甘蓝黑腐黄单胞菌核桃黑斑致病型 *Xanthomonas campestris* pv. *juglandis*（Pierce）Dye，是核桃主要病害，导致幼果腐烂，早期落果，出油率降低，严重影响产量和品质。

（1）症 状

该病主要为害幼果和叶片，亦可为害嫩枝。受害幼果果面初生边缘不明显褐色小斑，后成片变黑深达果肉，果实连同核仁变黑或腐烂脱落。成熟果实受害，果皮病部脱落，核仁表面完好，但出油率大为降低。病叶先于叶脉现近圆形或多角形小褐斑，后扩展互相愈合，外围生水渍状晕圈，少数后期穿孔。病叶皱缩畸形，严重时，全叶变黑发脆、脱落。

（2）发病规律

病原细菌在枝梢病斑内或芽里越冬。翌春借风雨、昆虫传播，经气孔、皮孔、蜜腺及各种伤口侵入，为害叶片、果实及嫩枝，亦能侵害花粉，使其传带病菌。

（3）防治方法

①冬季清园，剪除病枝及病果，集中烧毁或深埋。

②选择抗病品种；科学施用腐熟有机肥增施有机肥，提高树体抗性；合理灌溉排水，保持果园通风透光；采收时尽量避免棍棒敲击，减少树体伤流；采后及时处理脱下的果皮；及时防治核桃举肢蛾等害虫。

③萌芽前，全园喷施 1 次 5°Be′石硫合剂；发病严重园区，展叶时（雌花出现之前）、落花后、幼果期各喷施 1 次 1∶2∶200（硫酸铜∶生石灰∶水）波尔多液；发病初期喷施 500 倍氨基酸螯合铜制剂，每 10d 一次、连续防治 2~3 次。

3. 核桃溃疡病

核桃溃疡病病原菌无性阶段为聚生小穴壳菌 *Dothiorella gregaria* Sacc.，有性阶段为子囊菌门葡萄座腔菌 *Botryosphaeria dothidea*（Moug. ex Fr.）Ces. et de Not.，主要为害幼树主干、嫩枝及果实。病株生长衰弱、枯枝或整株死亡，病果品质降低或落果。

（1）症　状

该病多发生于树干及主侧枝基部，初期现直径 0.1~2cm 褐黑色圆形病斑，后扩展为梭形或长条形病斑。幼嫩树皮感病，病斑呈水浸状或水泡状，破裂后流出褐色黏液，变黑，后期干缩下陷，中央开裂，病部散生小黑点（分生孢子器）。病斑扩大至环绕枝干后，导致枯梢、枯枝或整株死亡。秋季病部表皮破裂，长出大量密集黑色小点。病果表面形成大小不等的褐色到暗褐色近圆形病斑，引起早落干缩或变黑腐烂。

（2）发病规律

病原菌以菌丝在病组织内越冬，翌春产生分生孢子，随风雨传播，经枝干皮孔或伤口侵入，气温达 17~25℃时为发病高峰期。早春低温、干旱、大风，树体较弱或受到冻害、日灼等伤害时易感染。

（3）防治方法

①冬季清园，彻底刮除病斑（刮至木质部），伤口涂 3°Be′石硫合剂或 100 倍硫酸铜溶液；树干涂白（生石灰：食盐：油：豆面：水=5：2：0.1：0.1：20），防止冻害与日灼。

②加强栽培管理，合理施用腐熟有机肥，提高抗性。

③发病初期喷施 1：1：100（硫酸铜：生石灰：水）波尔多液或 500 倍氨基酸螯合铜制剂，药量以枝干淋水为度。

四、主要虫害防治技术

（一）梨树虫害

1. 梨小食心虫

梨小食心虫属鳞翅目小卷叶蛾科，幼虫钻蛀嫩梢、果实为害，俗称蛀虫、黑膏药。

（1）形态特征

①成虫：体长 5~7mm，全体灰褐色无光泽，前翅灰褐色，前翅约有 10 条白色斜短纹，但不及苹小食心虫明显，翅中央有一小白点。

②幼虫：体长 10~13mm，头、前胸盾、臀板均为黄褐色。胸部、腹部淡红色或粉色，臀栉 4~7 节，齿深褐色。

③卵：长 0.5mm，椭圆形，稍扁、黄白色、孵化前变黑褐色。

（2）生物学特性

该虫单植梨园年发生 2~3 代。越冬代成虫发生在 4 月下旬至 6 月中旬；第一代成虫发生在 6 月末至 7 月末；第二代成虫发生在 8 月初至 9 月中旬。第一代幼虫主要为害梨芽、新梢、嫩叶、叶柄；第二代幼虫开始为害梨果；第三代幼虫主要为害果实。桃、梨兼植果园，该虫第一代、第二代主要为害桃梢，第三代以后才转移到梨园为害。

（3）防治方法

①建园时，尽量避免与桃、杏混栽或近距离栽植，杜绝该虫在寄主间相互转移。

②冬季清园，细致刮除树上翘皮，消灭越冬幼虫；一代、二代幼虫发生期，人工摘除被害枝稍；周围零星种植李子，诱集该虫在李果内产卵，及时摘除全部李果，集中销毁。

③性诱剂、黑光灯或糖醋酒液（红糖：醋：白酒：水=1：4：1：16）诱杀成虫；越冬脱果前于主枝主干上束草或麻袋片诱杀脱果越冬幼虫。

④定果后及时套育果袋。

⑤利用性诱剂诱芯为监测手段，于成虫发生高峰后1~2d，人工释放10万头/667m^2 松毛赤眼蜂，按4：4：2比例，每5d一次，共计释放3次。

2. 梨黄粉蚜

梨黄粉蚜属同翅目根瘤蚜科，虫体微小，群聚时似黄色粉末，俗称梨黄粉虫。该虫食性单一，成虫、若虫刺吸为害；未套袋果园，喜群集于果实萼洼处为害；套袋后常于果柄处为害；受害部位变褐色或黑褐色，呈现波状轮纹，表层硬化，俗称“膏药顶”；遇风雨造成大量落果。

（1）形态特征

①成虫：无翅，黄色，长约0.7mm；体卵圆形，触角3节，腹末较尖细，无腹管；产卵时胸部臌大，腹部缩短。

②若虫：淡黄或黄绿色，与成虫相似。

③卵：椭圆形，黄绿色，长0.3~0.4mm。

（2）生物学特性

该虫年发生6~10代，以卵在枝干缝隙、老翘皮下、果苔裂缝等处越冬，翌春梨树花期开始孵化。初孵幼虫多在原越冬场所的幼嫩皮层下为害、繁殖；幼果膨大时，转移到萼洼及果面孤雌生殖为害，秋季产生有性型，产越冬卵。

梨黄粉蚜活动能力差，喜阴忌光，套袋不严时群集果柄处为害；干旱年份发生严重；借苗木和梨果调运远距离传播。

（3）防治方法

①严格检疫，禁止从疫区调运苗木或接穗；风险苗木栽植前用2°Be′石硫合剂浸泡1min。

②冬季彻底清园，刮除粗皮及树体残留物，清洁枝干裂缝，剪除干枯梢，

清理落叶及落地梨袋，集中园外销毁；树干涂白。

③实施果园生草（自然生草或种植紫花苜蓿、白三叶、夏至草等），改善小气候，招引接纳天敌。紫花苜蓿始花期收割第一茬，以后35~40d收割一次，覆于树下，冬前最后一次收割应留有20~30d生长期，以利越冬和翌年返青。

④清园后及梨树萌动前各喷施1次5°Be′石硫合剂；套袋之前，细致喷施1次600~800倍1.5%天然除虫菊素。

3. 梨二叉蚜

梨二叉蚜属同翅目蚜科，又名梨蚜，成虫、若虫刺吸为害。

（1）形态特征

①无翅胎生雌蚜：体长约2.0mm，绿或暗绿色，口器黑色，复眼红褐色，触角丝状，6节。

②有翅胎生雌蚜：体长约1.5mm，头胸部灰褐色，腹部灰褐色，复眼暗红色，触角6节，前翅中脉分二叉。

③卵：椭圆形，长约0.7mm，黑色。

④若虫：与无翅胎生雌蚜相似，体绿色。有翅若蚜胸部较大，后期有翅芽生出。

（2）生物学特性

该虫每年发生约20代，以卵在芽周围及果苔，枝叉处的缝隙内越冬。花芽萌动时孵化，若虫群聚于嫩芽上为害，现蕾后钻入花序取食，展叶后转移至叶面刺吸，以梢顶嫩叶受害较重。新生梢停止生长，叶片开始老化时，产生有翅蚜迁飞到附近狗尾草（夏季寄主）上为害繁殖；秋季迁回梨树，产生有性蚜，交尾产越冬卵。

（3）防治方法

①果园生草，提高生物多样性水平；保护利用草蛉，小花蝽、食蚜蝇、蚜茧蜂等天敌。

②越冬卵孵化盛期（花芽露白至花序分离期）或卷叶的初期喷施600~800倍1.5%天然除虫菊素。

4. 茶翅蝽

梨茶翅蝽属半翅目蝽科，俗称臭大姐，成虫、若虫刺吸枝稍、果实为害。受害果实表面凹凸不平，失去商品性。

（1）形态特征

①成虫：体长15mm，宽8~9mm，扁平，略呈椭圆形，茶褐色；触角褐色，5节，口器黑色，端部达第一腹节腹板；前胸背板两侧略突出，前方着生4个横排黄褐色小斑；小盾片前缘亦横列5个小黄斑，以两侧的斑较明显。

②若虫：初孵若虫体长约2mm，无翅，白色，腹背具黑斑，胸部及腹部第一、二节两侧有刺状突起，腹部第三节至第五节各具一红褐色瘤状突起。

③卵：短圆筒形，顶部平坦，中央稍鼓起，周缘环生短小刺毛；初产时乳白色，近孵化时呈褐色，多为28粒卵排成一块。

（2）生物学特性

该虫年发生1代，以成虫于向阳墙缝、草堆、树洞等场所越冬。成虫清晨不活跃，午后飞翔交尾，多产卵于叶片背面。若虫孵化后，先静伏在卵壳附近，3~5d后分散为害，9月下旬至10月上旬陆续进入越冬场所。

（3）防治方法

①冬前成虫越冬春季出蛰期，于窗缝、屋檐等向阳背风地点下收集成虫；产卵期间，收集卵块和初孵若虫，统一销毁。

②果实套袋可有效地降低为害。

③平腹小蜂、黑卵蜂等对茶翅蝽卵的自然寄生率较高，可将收集的卵块放在笼中，保护寄生蜂羽化后飞回梨园。

5. 中国梨木虱

中国梨木虱属同翅目木虱科，成虫、若虫刺吸为害，分泌蜜露引发煤污病，为梨树重要害虫。

（1）形态特征

①成虫：分冬型和夏型。冬型体长2.8~3.2mm，灰褐色，前翅后缘臀区具明显褐斑；夏型稍小，体长2.3~2.9mm，黄绿色，翅上无斑纹。成虫胸部背板具4条红黄色纵条纹，静止时翅呈屋脊状叠于体上。

②若虫：初孵若虫扁椭圆形，淡黄色，3龄以后呈扁圆形，绿褐色；翅芽长圆形，突出于身体两侧。

③卵：椭圆形，一端钝圆，下具一刺状突起，用以固定于植物组织上，另一端尖细，延长成一根长丝；初产时淡黄白色，后黄色。

（2）生物学特性

该虫年发生4~6代，世代重叠严重，以冬型成虫在树皮缝、落叶、杂草等处越冬，翌春梨树萌芽时出蛰。4月为越冬代成虫产卵盛期。卵主要产在短果枝叶痕及芽基部折缝内，呈线状排列。初孵若虫潜入芽鳞片内或群聚花簇基部及未展开的叶内为害。2代以后成虫多产卵于叶柄、叶脉及叶缘齿间。若虫怕光，喜潜伏于叶背、果柄基部和芽基部为害，并分泌大量蜜露，黏合叶片。

（3）防治方法

①冬季清园，彻底刮除老树皮，清理园内和周围的残枝、落叶及杂草，喷施5°Be′石硫合剂，消灭越冬成虫。

②果园生草，提高生物多样性水平；招引小花蝽、草蛉、瓢虫、寄生蜂等自然天敌。

③受害果园，花芽膨大期、套袋前喷施0.6%苦参碱水剂800倍液和1.5%天然除虫菊素600倍液。

（二）桃树虫害

1. 桃　蚜

桃蚜属同翅目蚜科，又名烟蚜，越冬及早春寄主以桃树为主，夏秋则以烟草、茄、大豆、瓜类及蔬菜为主，成虫、若虫刺吸为害，为桃树生长前期主要害虫。

（1）形态特征

无翅胎生雌蚜体长2mm，卵圆形，体色变化较大，有绿、黄绿、赤褐等色，尾片圆锥形，腹管圆柱形，浅绿色。

（2）生物学特性

该虫年发生10~20代，以卵在桃及杏、李、樱桃等果树枝条芽腋、芽鳞及枝条皱皮等处越冬。翌春花芽萌动时，越冬卵开始孵化，在果树繁殖几代后，夏季陆续迁飞到烟草、十字花科蔬菜上繁殖，秋季迁回，产生有性蚜交尾产卵。桃树上以5月为害最重。

（3）防治方法

①冬季清园后，喷施5°Be′石硫合剂；发芽前，喷200倍矿物油乳剂，消灭越冬卵。

②果园种植紫花苜蓿和夏至草，5月中上旬刈割覆树下，招引、助迁野外瓢虫、小花蝽、草蛉等天敌。

③桃树萌芽后及展叶后，各喷施1次1.5%天然除虫菊素600倍液。

2. 桃瘤蚜

桃瘤蚜属同翅目蚜科，成虫、若虫刺吸为害，为桃树生长前期主要害虫。

（1）形态特征

①无翅胎生雌蚜：体肥大，深绿色或黄绿色；头部黑色，复眼赤褐色，中胸两侧具小型瘤状突起；腹部背面有黑色大斑，腹管柱形、黑色，尾片短小。

②有翅胎生雌蚜：淡黄褐色，翅透明；触角第三节约有30个感觉孔，第四节约有9~10个感觉孔。

③若虫：近似无翅胎生雌蚜，体较大，淡绿色，头部和腹管深绿色。

（2）生物学特性

该虫年发生10余代，以卵在桃、樱桃等枝梢、芽腋处越冬；翌春聚集叶背为害；发生期略晚于桃蚜；6月下旬迁至夏季寄主，晚秋迁回，产生有性蚜交尾产卵。受害叶片从边缘向背面纵卷，卷皱处组织肥厚，凹凸不平；初淡绿色，后变成红色；严重时，全叶卷曲呈绳状，枯死。

（3）防治方法

同桃蚜防治方法。

3. 桃粉蚜

桃粉蚜属同翅目蚜科，又名桃大尾蚜，越冬及早春寄主为桃、梨、樱桃等，夏秋寄主为禾本科杂草，成虫、若虫刺吸为害，为桃树生长前期主要害虫。

（1）形态特征

①无翅胎生雌蚜：体长 2.25mm 左右，长椭圆形，深绿色，尾片圆柱形，有 3 对长毛。

②有翅胎生雌蚜：体长 1.5mm 左右，头胸部黑色，腹部黄绿，被白色蜡粉，腹管、尾片短小。

③若虫：体小，似无翅胎生雌蚜，深绿色，体被少量蜡粉。

（2）生物学特性

该虫年发生 20 余代，以卵在芽腋及树皮裂缝等处越冬；翌春萌芽时，孵化相继群集芽、花和叶片为害；发生期略晚于桃蚜；初夏产生有翅蚜迁至禾本杂草，晚秋迁回，产生有性蚜交尾产卵。

（3）防治方法

同桃蚜防治方法。

4. 朝鲜球坚蚧

朝鲜球坚蚧属同翅目蚧科，又名桃球坚蚧，俗称“杏虱子”，成虫、若虫固定在枝条上刺吸为害，寄主包括桃、杏、梅等。

（1）形态特征

雌成虫：体近圆球形，长 4～5mm，宽 3.8mm，高 3.5mm；初期黄褐色，后期黑褐色；肛板上方体背中央两侧无纵向排列的凹坑。

（2）生物学特性

该虫年发生一代，以 2 龄若虫固着在小枝上的蜡堆里越冬。若虫于翌春桃树花蕾期爬出蜡堆，重新固着危害，不久分化出雌雄，介壳逐渐膨大、硬化。初孵若虫在枝条上爬行，1～2d 后固着于枝条裂缝、基部叶痕等处，并分泌蜡丝，严重时介壳累累，造成枯枝或全株死亡。

（3）防治方法

①结合冬季修剪，剪除受害枝条，集中园外销毁。

②萌芽前，喷施 200 倍矿物油乳剂或 200 倍软钾皂液。

③果园生草，提高生物多样性，保护利用黑缘红瓢虫（幼虫灰白色纺锤形，体背中央具两列黑刺；成虫鞘翅紫红具黑边）等天敌。

5. 桃蛀野螟

桃蛀野螟属鳞翅目螟蛾科，又名桃蛀螟、桃蠹螟，幼虫蛀果为害，以桃、石榴、山楂和板栗等较为严重。

（1）形态特征

①成虫：体长10~12mm，翅展22~25mm；橙黄色，胸、腹部及翅上具豹纹状黑色斑点。雄蛾腹末有黑色毛丛，雌虫不明显。

②卵：椭圆形，0.6mm，初时乳白色，渐变红褐色。

③幼虫：老熟幼虫体长约20mm，背红褐色，头、前胸背板均褐色，各体节具深褐色毛片。

④蛹：长13mm左右，褐色；腹部背面5~7节前缘具横列突起线，上生1排小刺；臀棘钩状6枚。

⑤茧：丝质，椭圆形，外附碎物。

（2）生物学特性

该虫年发生3~4代，以老熟幼虫结茧于枝干皮缝、土石块间、梯田壁缝隙以及田间残存的玉米、高粱茎秆、葵花盘等处越冬中。成虫昼伏夜出，对糖醋酒液和黑光灯趋性强。第一代卵多散产于桃、李、杏果实上，幼虫蛀果为害。老熟幼虫在果内或果、枝相接处化蛹。早熟、果面光滑品种受害较重。

（3）防治方法

①冬季清园，刮除树皮缝等处越冬幼虫，清除周边残存玉米、向日葵等残体，集中销毁；生产季节及时摘除虫果。

②悬挂黑光灯、糖醋酒液、性诱剂诱杀成虫。

③定果后及时套育果袋。

④利用性诱剂诱芯为监测手段，于成虫发生高峰后1~2d，人工释放5万~8万头/667m^2松毛赤眼蜂，按4：4：2比例，每5d一次，共计释放3次。

6. 桃潜叶蛾

桃潜叶蛾属鳞翅目潜叶蛾科，幼虫潜叶为害，是桃树主要害虫，危害日趋严重。

（1）形态特征

①成虫：体长仅3~4mm，银白色。前翅狭长、银白色，近端部具椭圆形黄褐色斑。色斑外侧为4条褐色斜横纹。翅端具一黑点。前后翅缘毛长。

②幼虫：体长约6mm，体略扁，淡绿色。头小，淡褐色。胸足黑褐色，腹足极小。

（2）生物学特性

该虫年发生 5~7 代，以蛹在叶背结茧越冬，也有成虫在落叶及杂草中越冬的报道。翌春桃树展叶时，成虫在叶背产卵。幼虫孵化后潜叶为害，叶表可见弯曲隧道。老熟幼虫多由隧道端部叶背咬一小孔爬出，吐丝下垂，做白色小茧化蛹。茧由几根丝悬挂在叶背。受害叶片枯黄，早落。

（3）防治方法

①秋、冬季清园，彻底清扫落叶、杂草，集中园外销毁。

②悬挂性诱剂诱杀成虫。

③定果后及时套育果袋。

④利用性诱剂诱芯为监测手段，于成虫发生高峰后 1~2d，人工释放5 万~8 万头/667m^2 赤眼蜂，按 4∶4∶2 比例，每 5d 一次，共计释放 3 次。

7. 桃红颈天牛

桃红颈天牛属鞘翅目天牛科，幼虫蛀秆为害，造成枝干空洞、树势减弱或全株死亡，为桃树重要害虫。

（1）形态特征

①成虫：体长 28~37mm，黑色褐色有光泽，雌虫体型稍大。触角 11 节，雄虫触角比身体长约 1/2，雌虫稍短。复眼肾形；胸背板具多个瘤状突；跗节隐五节。多数虫体前胸棕红色，故名“红颈天牛”，也有部分虫体前胸为黑色。

②卵：椭圆形，长约 1.68mm，上端较尖，下端钝圆，略似芝麻，初产时浅绿色，孵化前淡黄色。

③幼虫：老熟时体长 42~50mm，黄白色，头小，黑褐色，前胸背板扁平呈方形，侧缘和前缘具黄褐色云状斑纹，胸足退化极短小。

④蛹：长 25~37mm，初为淡黄色，渐变为黄褐色，前胸两侧各有一个突起，腹部各节背面具一横排刺毛。

（2）生物学特性

该虫 2~3 年完成一代，以幼虫在隧道内越冬。成虫多在近地面 30cm 之内的主枝基部及主干上上产卵。卵多产于树皮缝隙中，单产。幼虫孵化后，自卵底蛀入表皮，当年只在韧皮部和木质部之间蛀成弯曲隧道，第二年进入木质部，第三年夏季化蛹。隧道通向树皮外，有排粪孔。排粪孔下常堆积大量木屑和虫粪，极易发现。受害树干被蛀空，阻碍水分运输导，致树势减弱，甚至全株枯死。

（3）防治方法

①加强栽培管理，提高树势；保持树干光滑，保证剪枝断面光滑，伤口愈合良好；及时伐除虫口密度大的老树、弱树。

②成虫盛发期进行人工捕杀，清晨、傍晚及雨后初晴时效果更佳；可利用糖醋酒液（糖：醋：酒：水=1：1.5：0.5：20）诱捕桃红颈天牛成虫。

③幼虫孵化期经常检查树干、主枝，发现虫粪、木屑时，即用锥子锥杀（钢丝钩杀）皮下幼虫，或用小刀于受害部位顺树干纵割三四刀杀死幼虫。

④产卵前主干基部及近主干分叉处均匀涂白（生石灰：硫黄：食盐：水=10：1：2：40），注意将树皮裂缝、空隙涂实。

⑤蛀孔周围悬释放管氏肿腿蜂。

（三）葡萄虫害

1. 葡萄十星叶甲

葡萄十星叶甲属鞘翅目叶甲科，又名葡萄金花虫，成虫、幼虫为害葡萄叶片。

（1）形态特征

①成虫：体黄色，椭圆形，复眼和触角末端3节黑褐色，鞘翅宽大，两个鞘翅各具5个大小不等的黑斑，成二二一排列。

②卵：椭圆形，初产时为黄绿色，后渐变为黄褐色。

③幼虫：体近梭形，略扁，土黄色，胸部背面有两行褐色突起，每行4个。

④蛹：长12mm左右，金黄色。

（2）生物学特性

该虫年发生1代，以卵在枯枝落叶下或葡萄茎基部附近土中越冬。翌春，幼虫孵化，多于清晨和傍晚取食，为害幼芽嫩叶。老熟幼虫常爬至或跌落至地面，钻入表土3cm左右化蛹。成虫白天取食，遇触动即分泌恶臭气味的黄色液体，具有假死性。受害叶片具孔洞，严重时仅留一层薄绒毛及叶脉。

（3）防治方法

①利用假死性，于凌晨震动枝条，将成虫和幼虫震落，集中销毁。

②人工摘除幼虫密集为害的叶片。

③幼虫孵化盛末期，尚未分散前喷施5%鱼藤酮500倍。

2. 葡萄透翅蛾

葡萄透翅蛾属鳞翅目透翅蛾科，幼虫蛀食枝蔓，主要为害葡萄、猕猴桃、桃等果树。枝蔓髓部被蛀食后，受害处肿大，果实脱落，枝蔓易折断枯死。

（1）形态特征

①成虫：体长约20mm，翅展34mm，体黑褐，触角紫黑色，前翅赤褐色。前翅前缘及翅脉黑色，后翅透明。腹部具3条黄色带，雌蛾腹末左右两侧各具1束长毛丛。

②卵：椭圆形，紫褐色，长约1.1mm。

③幼虫：老熟时体长约38mm，圆筒状，头部红褐色，胸腹部淡黄，略带紫红色，前胸背板有倒“八”字形纹。

④蛹：长约18mm，纺锤形，红褐色，腹部各节背面有刺列，末节腹面具1列刺。

（2）生物学特性

该虫年发生1代，以老熟幼虫在受害枝蔓内越冬。翌春，幼虫于越冬处作茧化蛹。成虫昼伏夜出，具趋光性，交尾次日于当年生枝蔓芽腋或幼茎上产卵。幼虫孵化后，自叶柄基部蛀入幼茎为害，蛀道长方形孔，上方枝蔓枯死；幼茎蛀空后，转入粗茎为害，被害处常膨大成瘤状，蛀孔外堆有大量虫粪。

（3）防治方法

①冬季彻底清园，结合冬剪，剪除被害枝蔓，消灭越冬幼虫。

②生长季节经常检查嫩梢，发现虫粪或枯萎枝条，及时剪除，清除初孵幼虫。

③园区悬挂黑光灯，诱杀成虫。

3. *葡萄虎天牛*

葡萄虎天牛属鞘翅目天牛科，幼虫钻蛀为害，是葡萄主要害虫。

（1）形态特征

①成虫：体型狭长，长8～15mm，末端稍尖；前胸背板球形，长略大于宽；鞘翅密布极细刻点，合并时，基部呈一“X”形横斑，近端部具一黄色斑纹；前胸背板、小盾片和前/中胸腹板深红色，其余黑色。

②卵：长约1mm，乳白色，椭圆形，一端稍尖。

③幼虫：老熟幼虫体长10～12mm，淡黄色，胸部较头部宽，前胸后缘具“山”字形细沟纹，无足。

（2）生物学特性

该虫年发生1代，以幼虫在枝蔓内越冬。成虫具弱趋光性，产卵于当年生新梢芽鳞包缝内或芽、叶柄、枝之间的缝隙处。初孵幼虫自芽附近蛀入枝内，初期虫粪排于蛀道内，不易发现，落叶后被害处表皮变为黑色，易于辨别。成虫亦能取食葡萄细枝蔓、幼芽及叶片，常导致被害枝不开花或易风折，严重时引起大量枝条枯死。

（3）防治方法

①晚秋落叶后及早春葡萄上架前仔细检察，剪除受害变黑枝蔓；必须保留的大枝蔓，可用铁丝刺杀幼虫。

②成虫盛发期进行人工捕杀，清晨、傍晚及雨后初晴时效果更佳；可利用

糖醋酒液（绵白糖：醋：酒：水=2：3：1：40）诱捕成虫。

③释放管氏肿腿蜂。

4. 葡萄瘿螨

葡萄瘿螨属蜱螨目瘿螨科，又名葡萄毛毡壁虱、葡萄锈壁虱，刺吸叶片、嫩梢为害，是害葡萄的主要害虫。

（1）形态特征

①成螨：体长 0.1～0.3mm，白色，圆锥状，具环纹；腹部细长，尾部两侧各具一根细长刚毛。雄螨略小于雌螨。

②卵：椭圆形，淡黄色，极小，长约 30 微米。

（2）生物学特性

该虫年发生多代，以成螨在芽鳞或被害叶片内越冬。翌春萌芽时，成螨自芽内爬出钻入嫩叶叶背绒毛下刺吸为害，刺激叶片绒毛增多。受害叶背初生苍白色病斑，后表面逐渐隆起，产生毛毡状绒毛。严重时，病叶皱缩、变硬、表面凹凸不平。

（3）防治方法

①严格检疫，外调苗木定植前在 30～40℃热水中浸 5～7min，再移入 50℃热水中浸 5～7min。

②秋季彻底清园，收集被害叶集中烧毁。

③早春萌芽前，喷施 3～5°Be′石硫合剂；历年发生严重果园，萌芽后在喷施 0.3～0.5°Be′石硫合剂 1～2 次。

④生长期发现受害叶片后，应立即摘除烧毁，以免继续蔓延。

（四）猕猴桃虫害

1. 苹果小卷叶蛾

苹果小卷叶蛾 *Adoxophyes congruana*，属鳞翅目卷叶蛾科，俗称苹卷蛾，幼虫啃食嫩叶、花蕾和幼果，亦为害苹果、桃、梨、李等果树。

（1）形态特征

①成虫：黄褐色，体长 6～8mm，前翅自前缘向后缘及外缘具两条浓褐色斜纹，后缘肩角处及前缘近顶角处各有一小的褐色纹。栖息时鳞翅合并于体背，形似钟状。

②卵：扁平椭圆形，淡黄色半透明，由数十粒排成鱼鳞状卵块。

③幼虫：体细长，头较小呈淡黄色；低幼虫黄绿色，大龄幼虫翠绿色。

④蛹：黄褐色，腹部背面各节具两排刺突，尾端有 8 根钩状臀棘。

（2）生物学特性

该虫年发生 3～4 代，以低龄幼虫在树干皮下、枯枝落叶等隐蔽处结白色薄茧越冬。成虫昼伏夜出，白天多栖息于叶背或草丛间，具趋光性，产卵于叶片或果面。幼虫卷叶藏身，为害嫩叶、幼果。红阳猕猴桃等果实表面无毛品种受害较重，幼虫啃食幼果果皮和果肉，严重影响果品质量和产量。

（3）防治方法

①冬季清园，彻底刮除老树皮、翘皮，集中园外销毁。

②悬挂黑光灯、糖醋酒液（绵白糖：乙酸：乙醇：水比例为3：1：3：80）或诱剂诱杀成虫。

③定果后及时套育果袋。

④利用性诱剂诱芯为监测手段，于成虫发生高峰后1~2d，人工释放5万头/667m^2赤眼蜂，按4：4：2比例，每5d一次，共计释放3次。

⑤越冬幼虫出蛰期（落花后20d左右），喷施0.6%苦参碱800倍液。

2. 叶　蝉

叶蝉属同翅目叶蝉科，主要有大青叶蝉 *Cicadellqa viridis* L. 等，成虫、若虫刺吸为害，严重时叶片变白，树势衰弱，被害叶、果易患溃疡病和果实软腐病等。

（1）形态特征

①成虫：体长8~10mm，雌虫略大雄虫。头部正面淡褐色，颊区近唇基缝处左右各具1小黑斑；复眼绿色；前胸背板淡黄绿色，后半部深青绿色。前翅绿色具青蓝色泽，前缘色淡，端部透明，翅脉黄褐色。

②卵：长卵圆形，径长1.6mm，中间微弯曲，一端稍细，略黄白色。

③若虫：初孵为白色，微带黄绿，后体色迅速变深为浅灰或灰黑色；3龄后出现翅芽；末龄若虫体长6~7mm，头冠部具2黑斑，胸背及两侧具4条直达腹端的褐色纵纹。

（2）生物学特性

该虫年发生3~4代，以成虫在果园附近杂草丛或绿肥中越冬，翌春交尾后并产卵，6—7月较为严重。棚架结构较“T”形架或篱架栽培的猕猴桃发生重。

（3）防治方法

①冬季清园，喷施5°Be′石硫合剂。

②选择“T”形架或篱架栽培。

③严重发生果园，成虫出蛰及一代卵孵化期喷施0.5%藜芦碱可湿性粉剂700倍液，或0.6%苦参碱800倍液，或1.5%天然除虫菊素600倍液，每隔7d一次，连续2~3次。

3. 金龟子

金龟子属鞘翅目金龟科，主要包括暗黑鳃金龟 *Holotrichia parallela* Motschulsky、铜绿丽金龟 Anomala coruplenta Motschulsky 等，幼虫（蛴螬）啃食嫩根，影响水分和养分的吸收与运输，导致树势早衰，叶片发黄、早落；成虫啃食幼芽、嫩叶和花蕾等。

（1）形态特征

①成虫：体长 17~22mm 毫米，宽约 10mm，体红褐色或黑色，具淡蓝灰色粉状闪光薄层。触角鳃片状，10 节，红褐色。鞘翅上具 4 条隆起带，刻点粗大，散生于带间。

②卵：长椭圆形，长 2.6~3.2mm，初时乳白色，后为淡黄色，孵化前可见幼虫棕色上颚 1 对。

③幼虫：蛴螬形，长约 35mm，头黄褐色，体乳白色，身体弯曲呈“C”形，臀节腹面无刺毛列肛门孔为三射裂状。

④蛹：裸蛹，长椭圆形，长 18~25mm，淡黄色或杏黄色，腹部背面具 2 对发音器。蛹外具土室。

（2）生物学特性

该虫年发生 1 代，多以 3 龄幼虫于土内越冬。成虫活动适温 25~28℃，相对湿度 80%以上，夏季闷热天气或雨后虫量猛增，食性杂，食量大，有群集取食习性；昼伏夜出，具假死性和趋光性，傍晚开始为害，凌晨返回土中潜伏。

（3）防治方法

①施用充分腐熟有机肥；适期进行秋耕、春耕消灭害虫。

②悬挂黑光灯及糖醋酒液诱杀成虫；利用假死性人工捕杀成虫；园区周边种植蓖麻、紫穗槐隔离带诱杀成虫。

③科学控制土壤含水量，适当控湿或灌溉可以抑制金龟甲的发展。

④利用白僵菌、绿僵菌防治幼虫。

（五）核桃虫害

1. 核桃举肢蛾

该虫属鳞翅目举肢蛾科，幼虫蛀果为害。受害果皮发黑、凹陷，果仁发育不良、干缩而黑、出油率低，俗称为“核桃黑”。

（1）形态特征

①成虫：小型，翅展 13~15mm，黑色。翅狭长，前翅基部 1/3 处有椭圆形白斑，2/3 处具月牙形或近三角形白斑，缘毛长于翅宽。腹背各节具黑白相间鳞毛。后足大，停息时向后上举。

②卵：卵圆形，长约 0.4mm，初产时呈乳白色，孵化前为红褐色。

③幼虫：老熟时体长 7~9mm，体淡黄色，头深褐色，各节具白色刚毛。

④蛹：纺锤形，长 4~7mm，黄褐色，外被褐色茧，常粘附草沫及细

土粒。

（2）生物学特性

该虫年发生1~2代，以老熟幼虫在树冠下1~2cm土中越冬。成虫产卵于相邻两果之间的缝隙处，每处产卵3~4粒。幼虫孵化后蛀果为害，老熟后从果中脱出，落地入土结茧越冬。受害果面有透明或琥珀色汁液流出，呈水珠状。北坡通常较南坡发生严重；成虫羽化期多雨潮湿年份发生较重。

（3）防治方法

①晚秋或早春深翻树盘，破坏冬虫茧，消灭幼虫；破坏成虫羽化孔道，使成虫羽化后不能出土。

②生长季节及时摘除被害果，清除脱落果集中园外销毁。

③卵孵化初期（刚发现个别已蛀果时），树冠喷施0.6%苦参碱水剂800倍液。

2. 木橑尺蠖

木橑尺蠖属鳞翅目尺蛾科，又名核桃步曲，幼虫咬食叶片为害，严重时数日内吃光叶片，导致核桃减产，树势衰弱。

（1）形态特征

①成虫：体、翅白色，体长18~22mm，翅展50~78mm。前翅基部有一近圆形黄棕色斑纹。前翅、后翅具不规则浅灰色斑点。

②卵：扁圆形，长约1mm，初期翠绿色，孵化前为暗绿色。

③幼虫：老熟时体长60~85mm，体色因寄主不同而各异。头部密生小突起，体密布灰白色小斑点，除首尾两节外，各节侧面具一个灰白色圆形斑。

④蛹：纺锤形，初期翠绿色，后变为黑褐色，体表布满小刻点，颅顶两侧具齿状突起，肛门及臀棘两侧有3块峰状突起。

（2）生物学特性

该虫年发生1代，以蛹在较松软、阴湿的石缝里或梯田壁内越冬。成虫不活泼，喜晚间活动，趋光性强，多产卵于寄主植物皮缝或石块上。幼虫活泼，稍受惊动即吐丝下垂。

（3）防治方法

①晚秋或早春深翻树盘，消灭越冬蛹。

②悬挂黑光灯诱杀成虫。

③幼虫二龄前树冠喷施0.6%苦参碱水剂800倍液。

3. 核桃叶甲

核桃叶甲属鞘翅目叶甲科，又名核桃金花虫，成虫、幼虫群集取食叶肉。受害叶呈网状，很快变黑枯死。

（1）形态特征

①成虫：体扁平，长 7～8mm，鞘翅蓝紫色有光泽，具纵列粗大刻点，翅边具折缘。此虫产卵期腹部膨大似球状。

②卵：长椭圆形，长 1.5mm，黄绿色。

③幼虫：老熟幼虫体长 10mm，胴部暗黄色，多数体节有黑色瘤突；前胸背板淡红色，两侧具黑褐色斑纹及 1 个大圆斑，胸足 3 对，无腹足。

④蛹：长 7mm 左右，黑褐色；胸部有灰白纹；腹部第二至第三节两侧为黄白色，背面中央为黑褐色，末端附有幼虫脱下的皮。

（2）生物学特性

该虫年发生 1 代，以成虫在地面被覆物及树干基部 1m 左右皮缝中越冬。成虫于叶背产块状卵块。老熟幼虫将腹部末端附于叶上，倒悬化蛹。成虫、幼虫群集嫩叶取食，受害叶片成网状，枯黄。

（3）防治方法

①冬季清园，刮除树干基部老皮，消灭越冬成虫。

②幼虫二龄前树冠喷施 0.6%苦参碱水剂 800 倍液。

4. 核桃小吉丁虫

核桃小吉丁虫属鞘翅目吉丁虫科，寄主仅为核桃。幼虫蛀食枝干皮层，蛀道螺旋形，有新月形通气孔。受害树皮变黑褐色，伤口处有少许褐色液体流出。严重受害枝条，叶片枯黄早落，翌春大部分枯死；主干受害，整株枯死。

（1）形态特征

①成虫：体黑色，具金属光泽；雄虫体长 4～5mm，雌虫较大。触角锯齿状，复眼黑色，前胸背板中部稍隆起。头、前胸背板及鞘翅上密布刻点。

②卵：扁椭圆形，长约 1.1mm，初产白色，1d 后变为黑色。

③幼虫：乳白色，扁平，老熟时体长 12～20mm。头部棕褐色，缩于前胸内，前胸极膨大，中部有“人”形纵纹，尾部具 1 对褐色尾铗。

④蛹：裸蛹，体长 6mm，初其乳白色，羽化前为黑色。

（2）生物学特性

该虫每年发生 1 代，以幼虫在寄主木质部种越冬，翌春化蛹、羽化。成虫羽化后在蛹室停留 15d 左右，然后咬破皮层外出，喜光，卵多散产于叶痕及叶痕边沿处。幼虫孵化后蛀入皮层为害，后随虫龄增长，逐渐进入到层和木质部间。树冠外围枝条着卵较多；2~3 年生枝条受害严重。

（3）防治方法

①秋季结合采收剪去叶片枯黄的枝条，彻底剪除虫梢；注意禁止在树体休眠期剪枝，以防引起伤流。

②选育壮苗，科学管理，合理施用腐熟有机肥，增强树势，提高抗性。

③成虫羽化期，设立饵木，诱集成虫产卵，及时销毁。

第四节　有机果树生产方案

一、黄金梨

（一）基地环境

有机黄金梨生产基地应边界清晰，周围生态环境良好；活土层在1m以上，地下水位在1.5m以下，沙壤、土质疏松、肥沃，有机质含量高于1.5%，排灌方便；年均气温在13~26℃，10℃以上不少于140d，年日照时数1 600~1 700h，年降水量600~1 000mm。

有机黄金梨生产基地至少应距离主城区、工矿区、交通主干线、工业污染源、生活垃圾场，以及松、柏类树种5km。

有机黄金梨基地环境质量应符合本章第一节中相关要求。

（二）栽培模式

1. 园区建设

有机黄金梨园规划主要包括园区划分、排灌系统的建设，防护林的营造，道路及附属建筑物的修筑等内容。

（1）园区划分

根据建园规模、地形、地势和土壤条件，将梨园划分成若干个小区，一般在平原地区每小区面积4~8hm^{2}左右，丘陵地区依地势1~2hm^{2}为宜，为方便机械作业，以长方形为宜。

（2）道路与附属物建筑物的修筑

设置主干路和作业道，通常园区正中设5~7m宽主干路，各小区设2~4m宽支路。园区应主要包括管理用房、农具房、配药池和临时贮藏室等附属建筑物，就近建立在主干路附近。面积较大的果园应建造冷库，并有选果生产线，选果包装场所等。

（3）灌排水系统建设

有机黄金梨园应建设良好的灌排水系，防止旱涝灾害，保障树正常生长，实现丰产稳产、优质目标。

采用地下水灌溉，每口机井覆盖面积以3~5hm^{2}为宜，配套水泵和输水管、带等，如采用滴灌，应埋设滴灌管网以便及时全面滴灌。采用河、湖、水库等地表水作为水源，应匹配电源和足够马力的电动机、水泵等提灌设备，并提前修建好干渠、支渠、毛渠。

建设完好的小渠、支渠、干渠三级排水系统。小渠与水流方向一致，支渠连干渠，有条件的可建成暗渠。

（4）防护林的建造

防护林可改变黄金梨园小区气候，防止风害，减少土壤水分蒸发和植物蒸腾，降低风速等，从而减轻风害、花期晚霜冻害等自然灾害。选择杨树、紫穗槐等在主风向上建设4~8行混交防风林。杨树株行距2~3m，紫穗槐为株行距1m。防风林及隔离带树种切忌选择松柏，以防传播梨锈病（赤星病）；禁止栽种榆树、桐树、刺槐等与黄金梨有共同根腐病、炭疽病等源菌，以及蚜虫、绿盲蝽等共同的害虫的树种。

2. 授粉树设置

为提高黄金梨产量、质量，提高梨园综合效益，授粉品种安排3~4个为好，株数应占全园总株数的30%，一般早熟的绿皮梨、绿宝石占15%，早中熟的褐皮梨园黄占10%，中熟的丰水占2%，中晚熟的华山占3%比较适宜。授粉树配置，采取左右各2行黄金梨，中间的授粉行间栽2~3个授粉品种。

3. 苗木要求

选择未经过禁用物质处理的优质黄金梨（授粉树）种苗木。壮苗标准：主根上应有3~5条长度在20cm以上的侧根，嫁接部位愈合牢固、平正，嫁接口以上5cm处的直径应有1.5cm以上，苗木高度100cm以上，整形带内具有饱满芽4~8个，无病虫害。

4. 栽植方法

栽植前剔出不合格苗木和有病虫害的苗木；用50倍硫酸铜水溶液浸泡20min，杀灭苗木携带的病菌。栽植前要将苗木在清洁的水中浸泡根系24h，使苗木恢复水分，提高成活率。

全园施用优质腐熟有机肥3 000kg/667m^2；施后翻耕，深度要求20~30cm，深耕后及时耙平保墒，以利后续行株距等规划工作。密植按照株、行距2m×3m或3m×4m，网架栽培按照1m×(3~4)m，常规栽培按照3m×5m等密度栽植。按规划的行向以石灰标示线为中心，开挖宽深各1m的栽植沟，挖沟时要将上层表土与下层心土分放在沟两侧，然后在沟中铺20~30cm厚有机肥（或粉碎玉米穗轴、秸秆、杂草等，上面封表土20cm，再放置一层秸秆或肥料封土20cm，将沟填平放水沉实备栽。

黄金梨可于11月下旬，苗叶片刚落时挖苗进行秋季栽植，有利于根系和早春根系的生长，提高成活率，使树生长旺盛；亦可于土壤化冻至梨树萌芽前进行春栽。春栽定植越早越好。

栽植前，先于灌水沉实后的行沟中的中心线上，按株距要求确定栽植点，再以栽植点为中心，挖深宽各 60cm×60cm 的栽植坑，坑挖成后将表土混有机肥，填入坑中至离地平线 25cm 以上，中部略高呈馒头状，栽时将苗木垂直放置在馒头状的坑土上，使根系自然伸展，随后填入表土，边填土边用手轻提摇苗木，使根土密接，用脚踏实后，充分灌水，并扶正苗木。苗木栽植不宜太深，防止闷芽或导致苗木生长减弱，适宜的栽植深度是与苗木在苗圃内生长时的原有深度相同。

5. 整形修剪

黄金梨树冠较矮小紧凑，因地制宜根据不同的立地条件和栽植密度，选择“三主一干形”“自由纺锤形”及“Y 字形网架栽培”等不同树形。

6. 花果管理

合理配置授粉树，提倡放蜂授粉；根据合理负载量进行非化学药剂疏花疏果，防止大小年现象；选择未经过禁用物质处理处理优质育果袋进行一次或二次套袋，注意果袋套严。

（三）土壤管理

黄金梨采收后，全园行间进行 25cm 左右深翻一次；11 月下旬至 12 月结合冬季施肥，对树盘进行一次 30cm 深翻；翻后不平垡，以利冻死土中越冬的害虫及病源菌丝体，同时疏松树下土壤，给下年根系生长创造一个疏松的环境。早春梨园土地将解冻时，及时耙地保墒，消除杂草，防止土壤板结。

1～3 年生黄金梨园行间可适当间作花生、大豆、绿豆、油菜、短期生长的蔬菜之类，以及地黄、板蓝根、菊花、红花等等低矮作物或一年生药材。随着树冠扩大，营养面积的增加，自第三年秋冬选择播种绿肥作物为主。全园实施实行秸秆、绿肥等覆盖，有利于保墒和改良土壤。

每生产 1 000kg 黄金梨果实需要纯 N 9.4kg，P_2O_5 4.6kg，K_2O 9.8kg；黄金梨叶片 N 含量 2%～3.1%，P_2O_5 含量 0.13%～0.22%，K_2O 含量 1.8%～2.4%较为健康。根据树体营养及土壤条件进行施肥，初果期树按每生产 1kg 梨果施 1～2kg 优质农家肥核算；盛果期梨园每 667m^2 施 3 000kg 优质腐熟农家肥。基肥中的氮肥施用量应达到年施用总量的 50%，磷肥施入年总量的 100%。施肥方法采用沟施、挖放射状沟或在树冠外围挖环状沟，沟深 60～80cm。萌芽前后，追施全年氮肥用量的 20%；落花后视坐果情况施入全年氮肥用量的 20%和全年钾肥用量的 60%；花芽分化及果实膨大期，施入全年钾肥用量的 40%和全年氮肥用量的 10%，追肥后及时灌水。施肥应满足本章第二节的相关要求。

花前、花后、果实膨大期及土壤封冻前依据墒情进行灌水。雨季及时排出积水。

(四) 病虫害控制

1. 农业防治

冬季清洁田园，清除枯枝、落叶、烂果；刮除果树的僵果、粗皮、翘皮、病斑，剪除果树病枝、枯枝，集中销毁，防治越冬病虫害；冬季主干缠草把、诱虫带等，春季萌芽前销毁。

科学修剪，保持树冠通风透光；合理负载，适量施用腐熟有机肥，提高树势，增强抗性。

果园生草，种植白三叶、万寿菊等豆科、菊科植物，提高生物多样性，招引天敌，驱避害虫。

2. 物理防治

果实套袋，防治食心虫等钻蛀类害虫；悬挂黑光灯、糖醋酒液诱杀金龟子、食心虫等鞘翅目与鳞翅目害虫；悬挂性诱剂陷阱或迷向丝防治鳞翅目害虫。

3. 生物防治

释放赤眼蜂防治梨小食心虫等鳞翅目害虫；释放、助迁和保护瓢虫、草蛉等天敌，防治蚜虫等害虫。

4. 药剂防治

(1) 病　害

①冬季清园、萌芽前各喷施 3~5°Be′，防治各种越冬病虫害。

②喷施 1∶2∶240 波尔多液防治褐斑病。

③发病初期喷施 500 倍氨基酸螯合铜防治各种病害。

(2) 虫　害

喷施 1.5%天然除虫菊素 600 倍液、0.6%苦参碱水剂 800 倍液，防治蚜虫、梨木虱。

(五) 产品品质

根据果实成熟度、用途和市场需求综合确定采收适期。有机黄金梨果实农药残留“0”检出，重金属残留量满足 GB 2762《食品安全国家标准　食品中污染物限量》相关要求。有机黄金梨品质要求如下：平均单果质量大于 300g；果肉质地细嫩、松脆、石细胞小而少，味清香、浓郁，可溶性固形物含量大于 15.0%，果肉硬度 6.5~8.5kg/cm^2。

二、桃

(一) 基地环境

有机桃生产基地应边界清晰，周围生态环境良好；地下水位在 1.0m 以下，沙壤、土质疏松、肥沃，有机质含量高于 1.0%，排灌方便；年无霜期 180d 以上，年均气温12~17℃为宜，年日照时数大于1 200h。重茬地禁止建园。

有机桃生产基地至少应距离主城区、工矿区、交通主干线、工业污染源、生活垃圾场5km。

有机桃基地环境质量应符合本章第一节中相关要求。

（二）栽培模式

1. 园区建设

平地及坡度在6°以下的缓坡地，南北向栽植；坡度在6°~20°的山地、丘陵地园区，植行的行向与梯地走向相同，采用等高栽植。

园区尽量避免与梨、杏混栽，可零星种植李子作为食心虫类害虫诱集植物；禁止清耕，地表自然生草，或种植紫花苜蓿、白三叶及夏至草等豆科、唇形科植被，改善果园小环境，增加生物多样性，为瓢虫、小花蝽及寄生蜂等天敌提供扩繁、栖息、避害场所。

小区划分、道路及排灌系统设置、防护林营造、分级包装车间建设等，可参考本节前文黄金梨中相关内容。

2. 苗木要求

根据市场需求，按照早熟、中熟、晚熟特性，选择适宜南阳市生产的优质、抗性品种的无病壮苗（表4-4）。

新建有机园区提倡选择有机桃苗、有机（或野生）砧木，严禁使用禁用物质处理的苗木。

主栽品种与授粉品种可按照（5~8）：1比例进行设置。

表4-4 有机桃苗木质量要求

项 目	二年生苗木指标	一年生苗木指标	芽苗指标
侧根数量（条）	≥4	≥4	≥4
侧根粗度（cm）	≥0.3	≥0.3	≥0.3
侧根长度（cm）	≥15	≥15	≥15
根部病虫害	无根癌病和根结线虫病		
苗高（cm）	≥80	≥70	—
苗粗（cm）	≥0.8	≥0.5	—
枝干病虫害	无介壳虫	无介壳虫	无介壳虫
整形带内饱满叶芽数（个）	≥6	≥5	接芽饱满，不萌发

3. 栽植方法

秋季落叶后至次年春季桃树萌芽前均可以栽植，以秋栽为宜。有机桃园宜采用宽行栽植，行距应大于5m，矮化砧木可适当密植。

定植穴大小80cm×80cm×80cm，沙土瘠薄园区可适当扩大。

栽植前，将苗木根系用100倍硫酸铜溶液浸5min后再放到50倍石灰液中浸2min进行消毒。栽苗时要将根系舒展开，苗木扶正，嫁接口朝迎风方向，边填土边轻轻向上提苗、踏实，使根系与土充分密接。栽植深度以根颈部与地面相平为宜。种植完毕后，立即灌水。地势平坦或低洼园区宜起垄栽培，树干周围5cm内不覆土，雨季注意排水。

4. 整形修剪

根据桃树品种、立地条件和管理水平，选择适宜树型。有机桃园常见树型包括“自然开心形”“两主枝开心形”等。

注意夏季修剪与冬季修剪相结合，调整结果枝比例，平衡树体结构，具体修剪要点如下。

（1）幼树期及结果初期

幼树生长旺盛，夏季修剪为关键点。幼树修剪以整形为主，应尽快扩大树冠，培养牢固骨架：对骨干枝、延长枝适度短截，对非骨干枝轻剪长放，以便提早结果，逐渐培养各类结果枝组。

（2）盛果期

成年树前期修剪任务重点是保持树势平衡，培养各种类型的结果枝组；中后期主要目标是抑前促后，回缩更新，培养新的枝组，更新结果组枝，防止早衰和结果部位外移。

5. 花果管理

（1）疏花疏果

根据品种特点和果实成熟期，通过疏蕾、疏花和疏果等措施调节产量，维持1 500~2 000kg/667m^2。

疏蕾应在花芽露红时进行；疏花在大蕾期进行；疏果从落花后两周到硬核期前进行。操作要求：先里后外先上后下；疏果首先疏除小果、双果、畸形果、病虫果；其次是朝天果、无叶果枝上的果；选留部位以果枝两侧、向下生长的果为好。长果枝留3~4个，中果枝留2~3个，短果枝、花束状结果枝1个或不留。

早熟品种结合疏果一次性定果；中晚熟坐果率高额品种按照定果量的2倍留果，坐果率低的品种按照3倍留果。

（2）套袋摘袋

选择未经禁用物质处理的商品育果袋，定果后及时套袋。品种间套袋顺序为先早熟后晚熟，坐果率低的品种可晚套、减少空袋率。同树套袋顺序为先上后下，先里后外。套袋时注意撑起袋体，防止幼果接触果袋内壁，扎紧袋口。

病虫害严重果园套袋前喷施1次符合有机生产要求的杀虫剂、杀菌剂。

果实成熟前 15d 左右开始对着光较好部位的果实进行解袋观察，以果实由绿转白为最佳时期；先解上部果、外围果，后解下部和内膛果。不易着色的品种及光照不良地区可适当提前解袋。

单层袋先将底部打开，然后逐渐将袋去除；双层袋应分两次解完，先解外层，后解内层。果实成熟期雨水集中的地区、裂果严重的品种也可不解袋。

（三）肥壤管理

果实采收后，结合秋季施基肥进行深翻改土，于定植穴（沟）外开深 30~40cm 的环状沟或平行沟或挖宽 50cm，深 30~45cm 的施肥沟，土壤回填时混入腐熟有机肥，然后充分灌水。

提倡果园地表覆盖，覆盖材料包括麦秸、麦糠、玉米秸、干草等，将覆盖物铺在树冠下，厚度 10~15cm 为宜，上压少量园土。

有机桃园禁止清耕，宜选择自然生草或种植与桃树无共性病虫害的豆科、唇形科、菊科及禾本科浅根、短秆地表植物，适时刈割翻埋于土壤或覆盖于树盘。

回收有机桃园桃枝、绿肥、疏果等废弃物，通过腐熟发酵或制作酵素等措施进行利用，补充养分。施用足量腐熟有机肥维持维持和提高果园土壤肥力。

秋季施足量基肥，在转换期内的幼龄桃园或土壤有机质含量低于 1.5%桃园，结合深翻该土，施入优质腐熟有机肥 3 000kg/667m^2 及麦饭石或矿质钾镁肥 3 000kg/667m^2；完成转换期的桃园可酌情减少。施肥方式为沟施或穴施，深度 30~45cm，将沟土与腐熟有机肥充分混合后回填。

处于转换期的桃园土壤有机质含量应高于 1.5%，完成转换的桃园，土壤有机质含量应高于 2.0%，表层土壤（5~15cm）微生物数量应高于 5×10^9 个/g。

根据品种、树龄、栽培管理方式、生长发育时期及外界条件确定追肥的次数、时间、用量。幼龄树和结果树的果实发育前期（花后肥），以追施富含氮磷的有机肥为主，如豆粕、鸡粪沤肥；果实发育后期（果实膨大肥）以富含磷钾肥的有机肥为主，如矿质钾镁肥、草木灰浸泡液等。

叶面肥仅作为营养补充，其有效成分最大量占补充肥料总有效成分的 10%~15%；可喷施自制酵素或经评估的商品叶面肥。褐腐病严重的桃园，套袋后可喷施 2~3 次 500 倍 $CaCl_2$ 溶液。

提倡采用微喷或滴灌等节水灌溉措施；萌芽期、果实膨大期和落叶后封冻前应及时灌水；在多雨季节通过沟渠及时排水。

（四）病虫害控制

1. 农业防治

冬季清洁田园，清除枯枝、落叶、烂果；刮除果树的僵果、粗皮、翘皮、病斑，剪除果树病枝、枯枝，集中销毁，防治越冬病虫害；翻树盘、地面覆盖；冬季主干缠草把、诱虫带等，春季萌芽前销毁。

科学修剪，保持树冠通风透光；合理负载，适量施用腐熟有机肥，提高树势，增强抗性。

果园生草，种植紫花苜蓿、白三叶、夏至草等豆科与唇形科植物，提高生物多样性，招引瓢虫、小花蝽、草蛉等天敌。

2. 物理防治

果实套袋，防治食心虫等钻蛀类害虫；悬挂黑光灯、糖醋酒液，诱杀金龟子、食心虫等鞘翅目与鳞翅目害虫；悬挂性诱剂陷阱或迷向丝防治鳞翅目害虫。

3. 生物防治

释放赤眼蜂防治食心虫等鳞翅目害虫；释放、助迁和保护瓢虫、草蛉等天敌，防治蚜虫等害虫；释放管氏肿腿蜂防治天牛。

4. 药剂防治

（1）病　害

冬季清园、萌芽前各喷施 3~5°Be′，防治各种越冬病虫害。

发病初期喷施 500 倍氨基酸螯合铜防治各种病害。

（2）虫　害

喷施 1.5%天然除虫菊素 600 倍液、0.6%苦参碱水剂 800 倍液，防治蚜虫、潜叶蛾等。

（五）产品品质

根据果实成熟度、用途和市场需求综合确定采收适期。有机桃果实农药残留“0”检出，重金属残留量满足 GB 2762《食品安全国家标准　食品中污染物限量》相关要求。有机桃品质要求如下：具本品种成熟时固有的色泽，色程度达到本品种应有着色面积 25%以上；风味清香、浓郁；可溶性固形物含量大于 15.0%。

三、葡　萄

（一）基地环境

有机葡萄生产基地应边界清晰，周围生态环境良好；排灌方便，土层深厚、疏松，土质肥沃，pH 值 6.5~7.5；年平均温度 8~18℃，年无霜期大于 120d，年日照时数 2 000h 以上，年降水量在 800mm 以内。

有机葡萄生产基地至少应距离主城区、工矿区、交通主干线、工业污染源、生活垃圾场 5km。

有机葡萄基地环境质量应符合本章第一节中相关要求。

（二）栽培模式

1. 园区建设

园区应根据面积、自然条件和架式等进行科学规划，提倡避雨栽培、果园生草及膜下滴灌等措施。平地果园，南北向栽植；山地、丘陵地园区，采用等高栽植。

平地园区小区面积以 $2hm^2$，山坡园地小区面积以 $1hm^2$ 左右为宜。道路及排灌系统设置、防护林营造、分级包装车间建设等，可参考本节前文黄金梨中相关内容。

2. 苗木要求

根据市场需求，按照早熟、中熟、晚熟特性，选择适宜南阳市生产的优质、抗性品种的无病脱毒苗木。其自根苗及嫁接苗需无新损伤，无病虫害；侧根大于 4 条，直径≥0.3cm，长度≥20cm；主干木质化，高度≥30cm，直径≥0.6cm；芽眼多于 5 个。

新建有机园区提倡选择有机苗木、有机（或野生）砧木，严禁使用禁用物质处理的苗木。

3. 栽植方法

埋土防寒地区多以棚架、小棚架和自由扇形篱架为主；不埋土防寒地区的优势架式有棚架、小棚架、单干双臂篱架和“高宽垂”T 形架等。埋土防寒地区以春栽为好；不埋土防寒地区从葡萄落叶后至第二年萌芽前均可栽植，但以上冻前定植（秋栽）为好。

苗木定植前用 3~5°Be′石硫合剂或 100 倍硫酸铜浸泡苗木 10~15min，进行消毒，按 0.8~1.0m 宽，0.8~1.0m 深的定值坑或定植沟改土定植。

单位面积上的定植株数依据品种、砧木、土壤和架式等而定，常见的栽培密度见表 4-5，提倡适当稀植。

表 4-5 栽培方式及定植株数

方 式	株行距（m）	定植株数（株/$667m^2$）
小棚架	(0.5~1.0)×(3.0~4.0)	166~444
自由扇形	(1.0~2.0)×(2.0~2.5)	333~134
单干双臂	(1.0~2.0)×(2.0~2.5)	333~134
高宽垂	(1.0~2.5)×(2.5~3.5)	76~267

4. 整形修剪

科学修剪，确保树体中庸健壮。

（1）冬季修剪

根据品种特性、架式特点、树龄、产量等确定结果母枝的剪留强度及更新方式。一般结果母枝的剪留量为：篱架架面 8 个/m^2 左右，棚架架面 6 个/m^2 左右。冬剪时根据计划产量确定留芽量：留芽量=计划产量/（平均果穗重×萌芽率×果枝率×结实系数×成枝率）。

（2）夏季修剪

在葡萄生长季的树体管理中，采用抹芽、定枝、新梢摘心、处理副梢等夏季修剪措施对树体进行控制。

5. 花果管理

（1）疏花疏果

通过花序整形、疏花序、疏果粒等办法调节产量，成龄园园区年产量 1 500~2 000kg/667m^2 为宜。

（2）套袋摘袋

疏果后及时套袋，注意避开雨后高温天气。套袋前可喷布一遍有机生产允许使用的杀菌剂和杀虫剂。

红地球等红色葡萄品种采收前 10~20d 摘袋；容易着色或无色品种，带袋采收。禁止一次性摘除果袋，先把袋底打开，逐渐将袋去除，避免高温伤害。

（三）土壤管理

提倡果园生草，可人工种植白三叶、夏至草等豆科与唇形科植物，改善果园小气候，丰富生物多样性，招引瓢虫、小花蝽等天敌。

回收葡萄园废弃物（疏果、枝梢、地表植被等）进行堆制腐熟或制成酵素，用于补充土壤有机质和养分。依据地力、树势和产量的不同，参考每产 100kg 浆果一年需施纯氮（N）0. 25~0. 75kg、磷（P_2O_5）0. 25~0. 75kg、钾（K_2O）0. 35~1. 1kg 的标准进行平衡施肥。

果实采收后进行秋施基肥，开深 60cm、宽 40cm 的条沟，按照 3 000kg/667m^2 腐熟有机肥和 1 500kg/667m^2 矿质肥料与沟土充分混合后施入，并可随底肥施入生物菌肥 0. 5kg/株。

处于有机转换葡萄园土壤有机质含量应不低于 1. 5%；有机葡萄园土壤有机质含量应不低于 2%；5~15cm 土壤表层微生物数量应高于 $5×10^9$ 个/g，团粒结构应保持在 25%~35%。

出土萌芽前、幼果膨大期和转色期可以进行追肥。萌芽前以氮、磷营养为主，可以追施发酵非转基因豆粕、腐熟鸡粪或沼液沼渣等；果实膨大期和转色期以磷、钾营养为主，可以追矿质钾镁肥、草木灰等。

幼果膨大期和转色期可喷施酵素、氨基酸钙、氨基酸硅、氨基酸钾等叶面肥 3~5 次。最后一次叶面施肥应距采收期 20d 以上。

秋季施肥后及时灌水；萌芽期、浆果膨大期需要良好的水分供应；成熟期应控制灌水。

（四）病虫害控制

1. 农业防治

秋冬季结合冬剪彻底清园，清除病僵果、病虫枝条、病落叶等集中园外销毁，防治越冬病虫害。

果园生草，适当稀植，采用滴灌、树下铺膜等技术；加强夏季管理，避免树冠郁闭；科学施肥，严格控制氮素含量，提高树势，增强抗性。

2. 物理防治

采取树下铺设地膜或覆盖秸秆、果实套袋及避雨栽培等措施防治葡萄霜霉病、白腐病和炭疽病等病害；悬挂黄板、蓝板防控叶蝉和蓟马；利用黑光灯、糖醋酒液和性诱剂陷阱防治金龟子及鳞翅目害虫。

3. 生物防治

利用自然繁殖的蜘蛛、瓢虫等捕食性天敌控制叶蝉、透翅蛾等害虫；释放赤眼蜂防治夜蛾等鳞翅目害虫；释放捕食螨防治叶螨。

4. 药剂防治

（1）病　害

冬季完全落叶后及春季萌芽前，各喷施 1 次 5°Be′石硫合剂，喷施的范围包括葡萄枝蔓和周围的土壤。

病害发病初期喷施 1∶1∶100 波尔多液，500 倍氨基酸螯合铜制剂，800 倍高锰酸钾溶液，400 倍植物油肥皂液（植物油∶肥皂液=3∶1）治各种病害。

（2）虫　害

喷施 99%机油乳剂 150~200 倍液防治介壳虫。

喷施 1.5%天然除虫菊素 600 倍液，防治害虫。

（五）产品品质

根据果实成熟度、用途和市场需求综合确定采收适期。有机葡萄果实农药残留“0”检出，重金属残留量满足 GB 2762《食品安全国家标准　食品中污染物限量》相关要求。

有机葡萄品质要求见表 4-6。

表 4-6　有机鲜食葡萄感官要求

项　目	指　标
果　穗	典型且完整
果　粒	大小均匀、发育良好

（续表）

项　目	指　标
成熟度	充分成熟果粒≥98%
色　泽	具有本品种应有的色泽
风　味	具有本品种固有的风味
缺陷果	≤5%

四、猕猴桃

（一）基地环境

有机猕猴桃生产基地应边界清晰，周围生态环境良好，排灌方便，土层深厚、肥沃，以轻壤土、中壤土、沙壤土为宜，pH 值 5.5～7.5，地下水位在 1m 以下。

有机猕猴桃生产基地至少应距离主城区、工矿区、交通主干线、工业污染源、生活垃圾场等 5km。

有机猕猴桃基环境质量应符合本章第一节中相关要求。

（二）种植模式

1. 园区建设

选择坡度小于 25°平原、丘陵建园。园区应根据面积、自然条件和架式等进行科学规划，提倡避雨栽培、果园生草以及膜下滴灌等措施。园区两端留出田间工作机械通道，行向尽量采用南北向，作业小区，般长不超过 150m，宽 40～50m 左右。

风害较多地区，在主迎风面建设防风林。防风林以对角线方式栽植植 2 排，行株距 1.5m×1.0m，距离猕猴桃栽 5～6m，树种以杨树、柳树等乔木为主，亦可在乔木之间加植灌木。面积较大果园还需在园内迎风面大约每隔 50～60m 设置一道单排防风林。人造防风障高 10～15m。

2. 苗木要求

选择商品性好，市场需求较大的海沃德、徐香、红阳等品种的纯正、无危险病害、生长健壮的嫁接苗。

使用美味猕猴桃或中华猕猴桃做砧木。

新建有机园区提倡选择有机苗木、有机（或野生）砧木，严禁使用禁用物质处理的苗木。

3. 栽植方法

秋季栽植从落叶后至封冻前进行，春季栽植可在解冻后至萌芽前进行。

"T"形架方式株行距（2.5~3）m×（3.5~4）m；大棚架方式株行距3~4m。

雌株和雄株搭配比例为（6~9）：1。海沃德、红阳可选择陶里木雄株，徐香可选择马图阿雄株作为授粉树。若采用人工授粉或机械喷粉的果园，授粉树比例可酌情降至（15~20）：1。

按照规划测出定植点，挖长宽深50cm×50cm×60cm的定植穴。每穴施入腐熟有机肥30kg，先与表土充分混合回填，在回填生土。苗木在穴内的放置深度以穴内土壤充分下沉后，根颈部大致与地面持平为宜。栽植后浇透定根水，可用秸秆覆盖。

4. 整形修剪

（1）整　形

采用单主干上架，在主干接近架面20~30cm处留两个主蔓，分别沿中心铁丝两侧伸展，培养为永久蔓。主蔓两侧每隔20~30cm留一结果母枝，结果母枝与行向呈直角固定在架面上。

（2）冬　剪

结果母枝选留：优先选留生长强壮的发育枝和结果枝，其次选留中庸枝条；结果母枝尽量选用距离主蔓较近的枝条，选留的枝条根据生长状况修剪到饱满芽处。

更新修剪：尽量选留从原结果母枝基部发出或直接着生在主蔓上的枝条作结果母枝，将前一年的结果母枝回缩到更新枝位附近或完全疏除掉。每年全树至少更新1/2以上结果母枝。

预备枝培养：靠近主蔓未留做结果母枝的枝条，剪留2~3芽为翌年培养更新枝。其余枝条全部疏除，同时剪除病虫枝、清除病僵果等。

留芽数量：结果母枝有效芽数约30~35个/m^2架面（红阳品种留芽稍多），将所留结果母枝均匀地分散开固定在架面上。

（3）夏　剪

抹芽：萌芽期抹除主干萌发的潜伏芽等着生位置不当的芽，生长前期每7~10d进行一次。

疏枝：花序开始出现后及时疏除细弱枝、过密枝、病虫枝、双芽枝及不能用作更新枝的徒长枝等。结果母枝每20cm保留1个结果枝。

绑蔓：新梢长30~40cm时绑蔓，使之均匀分布于架面；每2~3周一次。

摘心：开花前对强旺的结果枝、发育枝轻摘心，摘心后如果发出二次芽，在顶端只保留1个，其余全部抹除；对开始缠绕的枝条全部摘心。

5. 花果管理

提倡蜜蜂授粉，蜂源不足或受气候影响蜜蜂活动不旺盛时采用人工授粉。

开花前、开花后及生理落果期叶面喷施0.2%~0.3%的硼砂加0.4%的蔗糖，可提高坐果率。

（1）疏花疏果

侧花蕾分离2周后进行疏蕾，强壮长果枝留5~6个花蕾，中庸结果枝留3~4个花蕾，短果枝留1~2个花蕾。

盛花后10d开始疏果，疏去授粉受精不良的畸形果、扁平果、伤果、小果、病虫为害果等；健壮长果枝留4~5个果，中庸结果枝留2~3个果，短果枝留1个果；成龄园留果约40个/m^2架面。

（2）套袋摘袋

采用透水透气良好的木浆纸商品育果袋，谢花后20~40d进行套袋，扎紧袋口，防止雨水浸入及果袋脱落。

采收前10~15d摘袋，选择阴凉天气进行。

（三）土壤管理

新建园区每年结合秋季深翻施基肥，第一年从定植穴外沿向外挖环状沟，宽度30~40cm，深度40cm，第二年接着上年深翻的边沿向外扩展深翻，全园深翻一遍。在施肥、灌水后把麦秸、麦糠、玉米秸等材料覆盖在树冠下，厚度10~15cm，上面压少量土，连续覆盖3~4年后浅翻一次。

园区行间种植白三叶草，每年刈割2~3次，4~5年翻压一次。种草时给植株留出宽1.5m以上的营养带。

有机猕猴桃园允许施用肥料种类包括腐熟的堆肥、沤肥、厩肥、沼气肥、绿肥、作物秸秆肥、泥肥、饼肥等。以果园的树体大小及结果量、土壤条件和施肥特点确定施肥量。肥料中氮、磷、钾的配合比例为1∶（0.7~0.8）∶（0.8~0.9）。参考施肥量见表4-7。

表4-7 不同树龄的猕猴桃园参考施肥量

树龄	年产量（kg）	优质农家肥年施用肥料总量（kg/667m^2）		
		纯氮	纯磷	纯钾
1年生		30	25	26
2~3年生		40	36	37
4~5年生	1 000	60	54	55
6~7年生	1 500	80	72	75
成龄园	2 000	100	90	90

土壤湿度保持在田间最大持水量的70%~80%为宜，低于65%时应灌水，

清晨叶片上不显潮湿时应灌水。萌芽期、花前、花后根据土壤湿度各灌水1次，但花期应控制灌水，以免降低地温，影响花的开放。果实迅速膨大期根据土壤湿度灌水2~3次。果实采收前15d左右应停止灌水。越冬前灌水1次。

低洼易发生涝害的果园周围修筑排水沟，沟深100cm以上，果园面积较大时园内也应有排水沟，排水沟排出的水要有适宜的出路。同时对树盘培土，改变为高垄栽植。

（四）病虫害控制

1. 农业防治

结合冬剪彻底清园，采取剪除病虫枝、清除病僵果和枯枝落叶、刮除树干裂皮并集中园外销毁。

培育、栽植无病壮苗；果园生草，提高生物多样性，营造不利于病虫害发生蔓延的小气候；合理水肥管理，科学修剪，增强树势，提高抗性。

2. 物理防治

悬挂黑光灯、糖醋酒液及性诱剂诱杀金龟子、夜蛾等鞘翅目与鳞翅目等害虫。

3. 生物防治

释放赤眼蜂防治鳞翅目害虫；释放捕食螨防治叶螨。

4. 药剂防治

（1）病　害

萌芽前喷施1~2次0.3~0.5°Be′石硫合剂或1∶1∶100的波尔多液或硫黄悬浮剂防治溃疡病、介壳虫和螨类。

发病初期喷施500倍氨基酸螯合铜制剂防治各种病害。

（2）虫　害

喷施99%机油乳剂150~200倍液防治介壳虫。

喷施1.5%天然除虫菊素600倍液、0.6%苦参碱800倍液，防治同翅目、鳞翅目害虫。

（五）采后处理和产品品质

根据果实成熟度、用途和市场需求综合确定采收适期。红阳的最佳采收期为谢花后130d，（西峡地区一般为9月上旬）；徐香的最佳采收期为谢花后150d（西峡地区通常为10月上旬），海沃德采稍晚，则一般在10月中旬采收。

有机猕猴桃果实农药残留“0”检出，重金属残留量满足GB 2762《食品安全国家标准　食品中污染物限量》相关要求。有机猕猴桃品质要求见表4-8。

表 4-8　有机猕猴桃的品质要求

项　目	指　标
风　味	具有本品种的特有风味，无异味
果　面	洁净，无污染物、机械伤、腐烂和缺陷
成熟度	充分发育，达到市场或贮存要求的成熟度
果　形	果形端正，整齐一致，无鸭嘴形果
果　心	果心小，无空心，柔软，纤维少
果　肉	颜色符合品种特征，纯正，质地细腻
色　泽	具有本品种成熟时应有的色泽
可溶性固形物	≥10%（红阳后熟果）；≥15%（海沃德后熟果）
维生素 C 含量	≥1 000mg/kg

五、核　桃

（一）基地环境

有机核桃生产基地应边界清晰，周围生态环境良好；土质疏松、肥沃，土层厚度 80cm 以上，地表水位在 2.0m 以下，排灌方便，pH 值 6.5~8.0；年平均气温 10.0~16.0℃，年日照≥2 000h，无霜期≥150d；年降水量核桃要求 400~800mm，泡核桃要求 800~1 200mm。

有机核桃生产基地至少应距离主城区、工矿区、交通主干线、工业污染源、生活垃圾场等 5km。

有机核桃基地环境质量应符合本章第一节中相关要求。

（二）栽培模式

1. 园区建设

应选择背风向阳的山丘缓坡地或平地，根据地形地貌、面积等进行规划。山坡荒地小于 10°的采用开沟或鱼鳞坑栽植；10°~25°的宜按等高线筑梯田栽植。

作业区、道路及排灌系统设置、防护林营造、分级包装车间建设等，可参考本节前文黄金梨中相关内容。

2. 苗木要求

选择适合南阳地区种植，结果早、丰产性强、连续结果性强、抗性强、商品性好的优质稳产优良品种。

嫁接苗需接合牢固，愈合良好，接口上下的苗茎粗度要接近；苗干通直，充分木质化，无冻害、风干、机械损伤及病虫为害等；苗高≥60cm，基径≥1.0cm，主根长度≥20cm，侧根数≥15 条。砧木树种应用本砧；泡核桃用铁核桃做砧木。

新建有机园区提倡选择有机苗木、有机（或野生）砧木，严禁使用禁用物质处理的苗木。

3. 栽植方法

秋栽自落叶至土壤封冻前；春栽自土壤解冻后至萌芽前。提倡秋栽，发生过冻害园区，3 年以内新栽幼树冬季在西北方向修建高 30cm、宽 30cm 的月牙形土埂防寒。

小于 10°的坡地及平地，开宽 1m、深 1.2m 栽植沟状或鱼鳞坑；10°~25°山地，修筑田面宽≥5m、土层深 1.2m 的隔坡沟状梯田。

根据品种、土壤肥力、环境条件和管理水平等因素确定栽植密度，通常株行距 4m×5m；坡地沿等高线栽植，平地南北栽植。栽植前每株施用腐熟有机肥 25kg 与表土拌匀回填。在灌水沉实的栽植面上开 40cm 见方定植穴，浇水 15kg，将核桃苗放入水内，使根系舒展，速埋至与地面平，埋紧。苗木栽植前，可用 300 倍晶体石硫合剂根系消毒。

选用花期匹配的良种作为授粉树，按照（4~6）∶1 比例配置主栽与授粉品种。授粉树应位于花期主风向和地势较高处。

4. 整形修剪

定干：间作的核桃园，定干高度 1.2m 以上，早实、密植园 0.5~1.0m，剪口位于芽上端 3cm。

整形：中心主枝强旺的，选择主干疏层形（2~3 层，主枝 5~7 个）；中心主枝较弱的，可选择开心形（主枝 3~5 个）。树高通常不宜超过 7m。

修剪：春季发芽后、夏季或晚秋落叶前进行修剪。幼树在春季发芽后修剪；结果树在晚秋落叶前修剪。夏季修剪剪除树冠内的直立徒长枝、萌蘖枝、密生枝和重叠枝，合理配置大小枝组；晚秋修剪要剪除病虫枝、病僵果。

初果期修剪以调整各级骨干枝生长势，充分利用辅养枝结果为主。盛果期修剪需注意及时调整并平衡树势，改善树冠通风透光条件，复壮结果枝组。老树更新修剪重点在于，对老弱枝进行回缩剪截，充分利用新发枝恢复树冠。

5. 花果管理

雄花芽开始萌动膨大时，疏除雄花量过多的树体，保留总量的 10%左右。

允许使用人工辅助授粉。

（三）土壤管理

提倡间作和生草。非密植核桃园内应间种豆类、麦类等矮秆作物或非宿根性中草药；亦可行种植紫花苜蓿、白三叶等豆科牧草，当草高达到 30cm 左右时及时刈除，核桃园生草 3~4 年更新 1 次。

秋季采果后，施入优质腐熟有机肥每施 1 000~1 500kg/667m²，采用条状沟施：在树梢投影下挖深70~80m、宽40~50cm条沟施入。

核桃树发芽前、果实膨大期和土壤结冻前浇透水。干旱年份应视土壤墒情浇水。春季浇水后将干草、玉米秸、麦秸等覆盖于树冠下，厚度15~20cm，压少量土，连覆3年后浅翻一次。

（四）病虫害控制

1. 农业防治

冬季清洁田园，清除枯枝、落叶、僵果，集中园外销毁，防治越冬病虫害；冬春细致耕翻树盘，消灭越冬虫蛹；冬季树主干缠草把、诱虫带等，春季萌芽前销毁。

培育、栽植无病壮苗；果园生草，提高生物多样性，营造不利于病虫害发生蔓延的小气候；合理水肥管理，科学修剪，增强树势，提高抗性。

2. 物理防治

悬挂黑光灯、糖醋酒液诱杀金龟子、天牛、刺蛾等鞘翅目与鳞翅目害虫。

3. 生物防治

释放赤眼蜂防治刺蛾、举肢蛾等鳞翅目害虫；释放捕食螨等天敌，防治叶螨等害虫。

4. 药剂防治

（1）病　害

树干涂白；冬季清园及早春萌芽前全树喷3~5°Be′石硫合剂，消灭越冬病原及部分草履蚧。

及时刮除病斑，范围应超出变色坏死组织1cm左右，刮后伤口涂抹5°Be′石硫合剂，防治腐烂病、枝枯病。

花后每隔15d喷一次1：1：200（硫酸铜：生石灰：水）波尔多液或0.3~0.5°Be′石硫合剂，连续喷2~3次，可控制炭疽病等病害发生。

（2）虫　害

用柴油或机油乳剂注射虫孔并用棉花或湿泥堵住虫孔，防治天牛。

喷施99%机油乳剂150~200倍液防治草履蚧。

喷施1.5%天然除虫菊素600倍液，0.6%苦参碱800倍液，防治同翅目、鳞翅目害虫。

（五）产品品质

在核桃青皮开始发黄且有部分青皮开裂时，按先外围、后内膛，先下层、后采上层的顺序采收。有机核桃农药残留“0”检出，重金属残留量满足GB 2762《食品安全国家标准　食品中污染物限量》相关要求。

第五章　有机茶生产实用技术

第一节　有机茶园基地建设及品种选择

一、基地环境要求

有机茶产地环境要求应满足 GB/T 19630《有机产品》以及相关国家、行业法规与标准的要求，结合南阳市具体情况，限值如下。

（一）土壤质量标准

有机茶生产基地土壤环境质量要求见表 5-1。

表 5-1　有机茶生产基地土壤环境质量要求　（单位：mg/kg）

项　目	限　值
镉≤	0.2
汞≤	0.15
砷≤	40.0
铜≤	50.0
铅≤	50.0
铬≤	90.0
六六六≤	0.5
滴滴涕≤	0.5

（二）灌溉水质量标准

有机茶产生产基地灌溉用水水质应符合表 5-2 规定。

表 5-2　有机茶生产灌溉水水质量要求

项　目	限　值
5 日生化需氧量≤	100.0mg/L
化学需氧量≤	200.0mg/L
悬浮物≤	100.0mg/L
阴离子表面活性剂≤	8.0mg/L

（续表）

项　目	限　值
水温≤	35.0℃
pH 值≤	5.5~7.5
全盐量≤	1 000.0mg/L
氯化物≤	350.0mg/L
硫化物≤	1.0mg/L
总汞≤	1.0×10^{-3}mg/L
总镉≤	5.0×10^{-3}mg/L
总砷≤	5.0×10^{-2}mg/L
铬（六价）≤	0.1mg/L
总铅≤	0.1mg/L
总铜≤	1.0mg/L
氯化物≤	250.0mg/L
氟化物≤	2.0mg/L
氰化物≤	0.5mg/L
石油类≤	5.0mg/L
挥发酚≤	1.0mg/L
粪大肠菌群数≤	40 000.0 个/L
蛔虫卵数≤	2.0 个/L

（三）空气质量标准

有机茶生产基地环境空气质量应达到表 5-3 标准。

表 5-3　有机茶生产基地大气污染物浓度限值

污染物	限　值		
	年平均浓度	日平均浓度	一小时平均浓度
二氧化硫≤	60.0μg/m³	150.0μg/m³	500.0μg/m³
二氧化氮≤	40.0μg/m³	80.0μg/m³	200.0μg/m³
一氧化碳≤	4.0mg/m³	10.0mg/m³	—
氮氧化物≤	50.0μg/m³	100.0μg/m³	250.0μg/m³
臭氧≤	160.0μg/m³	200.0μg/m³	—
二氧化铵≤	—	100.0μg/m³	150.0μg/m³
氟化物≤	—	7.0μg/m³	20.0μg/m³
总悬浮颗粒物≤	200.0μg/m³	300.0μg/m³	—
粒径小于 10μm 颗粒物≤	70.0μg/m³	150.0μg/m³	—
粒径小于 2.5μm 颗粒物≤	35.0μg/m³	75.0μg/m³	—
铅≤	0.5μg/m³	1.0μg/m³（季）	—
苯并［a］芘≤	1.0×10^{-3}μg/m³	2.5×10^{-4}μg/m³	—

注："年平均浓度"为任何年的日平均浓度值不超过的限值；"日平均浓度"为任何一日的平均浓度不许超过的限值；"一小时平均浓度"为任何一小时测定不许超过的浓度限值。

二、基地建设

（一）水土要求

桐柏山区是南阳市乃至河南省优质茶的主产区之一，地处河南南部，属北亚热带向暖温带过渡地区，气候温和，雨热同期，以生物气候条件为主导因素的自然成土过程主要是黏化过程、弱富铝化过程和有机质积累过程，形成土壤类型主要是黄棕壤和黄褐土。茶树为喜酸性土壤的植物，有机茶园土壤质地应为沙质壤土、沙土、中壤土。黄棕壤为壤质土，结构良好适宜作为优质高产茶园。黄褐土较黏重，必须掺砂改良质地或增施有机质改良结构。

降水是茶园的主要水分来源，年降水量大于1 000mm，春夏季多（占全年总降水量60%~70%），秋冬季少（占全年总降水量30%~40%）为最佳条件。春雨量大、雨日多、分布均匀，对整个茶区春茶生产极为有利；夏季降水最多，雨热同季，促进茶树良好生长；秋冬季雨量较少，既能保证茶树正常越冬所需水分，又避免了水量过大造成冻害，保障休眠安全越冬。

茶树喜湿润、耐阴、需散射光。茶园云雾条件与茶叶品质关系十分密切。海拔300~500m，年雾日≥100d的多雾园区，易产优质名茶：多云雾条件下，空气湿度大，散射光增多，茶树能够更好地进行光合作用，外形上保证茶芽肥壮、叶质嫩；品质上有利于含氮化合物和芳香物质的形成，提高茶叶氨基酸等有效成分含量。

（二）基地建设

选择土壤层深厚、有机质含量高于1.5%、pH值4.5~6.0的黄棕壤地块建设有机茶园；根据地块规模、地形和地貌等条件，设置合理的道路系统，包括主道、支道、步道和田间道；建立完善的水利系统，做到能蓄能排。

茶园四周或茶园内不适合种茶的空地应植树造林：茶园上风处营造防护林；基地主要道路、沟渠两边种植行道树，梯壁坎边种草；园内适当种植遮阳树，遮光率控制在20%~30%。

新建茶园应尽量利用天然环境（溪流、山脊、次生林等）选取相对独立地块，以便建立隔离带，确保区边界清晰。

三、品种和种苗选择

品种是春茶早采、高产的基础。发展新茶园时，应选择适宜南阳地区气候环境、发芽早、品质好、产量高、适应性强，宜制作名优茶的品种，如龙井43、乌牛早、福鼎大白茶、福鼎大毫等无性系良种。桐柏山区作为北方茶区，栽培寒能力强的龙井43、乌牛早等早芽良种，开采期一般可比普通品种提早

5~7d。

培育无病虫害壮苗，有机茶树种苗禁止使用化学合成物质处理。种苗质量应满足表5-4和表5-5要求。

表5-4　穗条质量要求

品　种	品种纯度（%）	利用率（%）	直径（mm）	长度（cm）
大叶品种	100	≥65	≥3.5	≥60
中小叶品种	100	≥65	≥3.0	≥50

表5-5　无性系扦插苗质量要求

品　种	苗　龄	品种纯度（%）	苗高（cm）	直径（mm）	侧根数
大叶品种	一年生	100	≥30	≥4.0	≥3
中小叶品种	一足龄	100	≥30	≥3.0	≥3

第二节　有机茶园土壤管理技术

一、健康土壤标准及茶树营养需求

茶树是深根植物，其根系分布可达1m以上，吸收根主要分布在10~50cm土层，茶园土壤的土层厚度及营养必须满足茶树根系正常发育的要求。

土壤是茶树生长的基础，也是产量和品质的保障。茶园土壤养分提供能力是其物理、化学、生物等各种性状综合反映。茶树是以采收嫩叶、新梢为目标的多年生作物，次生代谢旺盛，其营养需求有别于其他作物，对土壤质量也有着特殊要求。一般而言，优质高产茶园土壤有机质含量需不低于2.0%，pH值4.5~5.5，速效氮、速磷、有效钾分别高于100mg/kg、20mg/kg和100mg/kg。

氮素是茶树需求量最大的矿质元素。作为叶用植物的茶树对氮素的需求较其他作物更为迫切：缺氮条件下，茶树干物质积累下降，叶片的CO_2同化速率、气孔导度都显著下降，胞间CO_2浓度显著增加。适宜的氮素能提高茶叶中的游离氨基酸、咖啡因、水浸出物和叶绿素的含量，增加茶叶香气物质种类。

氮肥施用效应大小，取决于土壤原有的氮素基础、茶树长势、土壤气候条件及其他元素的配合情况等。一般而言，氮素的增产效果随其施用量的不断增加降低，因此应综合考虑土壤酸碱性、各元素含量、茶树长势和目标产量等因子，确定氮肥的最佳施用量。

茶树对氮素的吸收过程贯穿于全部年生育周期，但不同月份表现出一定的差异：根、茎部主要需氮期分别为9—11月和7—11月，占全年总需氮量的60%~70%；叶片需氮时期主要集中在生长最旺盛的4—9月，占全年需氮量的80%~90%。茶树的上部停止生长以后，地下部仍有吸收氮素的能力，并将大部分贮存于根系中，供翌春茶梢生长。春季施肥，对于春茶氮素的贡献率约13%，全年的贡献率约45%。早春施氮肥有利于茶树合成氨基酸、咖啡因等。秋冬季施肥，时间越早（9—10月）氮素利用率越高。因此，茶园施氮素，春季施肥或秋冬季施肥均应早施。

值得注意的是，氮素施用过量，不仅降低茶叶品质，导致减低茶树抗病性下降和叶蝉、蚜虫等刺吸类害虫爆发，而且会影响钾素等其他元素的吸收与利用。因此，一定要适时、适量均衡施肥。

钾素是作物生长发育的必需元素，在提高作物产量和品质，以及增强作物抗性等方面都具有重要作用，也是茶树生长的一个重要因素。缺钾条件下，茶树生物量、叶片钾含量、叶绿素、叶片CO_2同化速率、气孔导度、水分利用率等都显著下降。

通常，茶园气候湿热，土壤偏酸，土壤钾素易于风化和淋失，导致土壤供钾水平较低。在偏施氮肥的茶园，土壤钾素的流失和不平衡尤其显著。值得注意的是，土壤全钾含量主要取决于土壤母质，而与土壤供钾能力无明显关系。茶园土壤有效钾含量与茶叶产量具有明显的正相关关系，提高土壤有效钾含量对增加茶叶产量和品质具有重要作用。钾肥的增产效果受土壤有效钾含量及其与速效氮比例的双重影响，当土壤有效钾含量高于80mg/kg时，只提高钾素施用量而不相应增加氮肥，就会降低钾素的增产效果。一般而言茶园土壤速效钾含量80~150mg/kg为宜。

此外，作为干旱胁迫的一种适应性反应，适度干旱可以促进茶树对钾素的吸收及其从根系向叶片的运输。茶树品种间，龙井43对钾素需求较大，其4h每克鲜重K^+吸收量大于700mg。因此，栽培龙井43的茶园需要提供更多的速效钾。

钙、镁均为茶树生长所需的重要中量营养元素。二者在茶树各器官中保持着一定的含量和比例：钙随组织老化而积累，镁则趋向新生的幼嫩组织，因此Ca/Mg值随组织老化而急速增加。茶树对土壤钙、镁的吸收，不仅取决于土壤活性钙、镁的绝对含量，同时也取决于钙镁的比例。缺钙、缺镁或两者比例失调，对茶树生长及茶叶产量和品质均有一定的影响。总体而言，茶树对钙的需求量较少，茶叶品级随Ca/Mg值升高而降低。每千克土壤中活性钙含量超过100mg时，茶树就会出现不良症状。优质有机茶园土壤活性镁含量达到50~100mg/kg，Ca/Mg值为6~12较为适宜。

镁在强酸性土壤中的迁移能力和强度远远大于钙，且土壤中活性镁含量比活性钙含量低得多。目前茶园土壤缺镁显现远远多于比缺钙。因此，在施钙、镁肥时，应首先进行土壤诊断，做到有的放矢。酸化严重、缺钙明显的茶园，可依据土壤 pH 值和交换性酸量计算施入施一定量的石灰加以调控；只缺镁不缺钙的茶园，可直接施用泻盐等加以调控；既缺镁又缺钙的茶园，可以施钙镁磷肥、白云石粉等加以调控。

二、土壤培肥种类及方法

有机茶园应每年监测土壤肥力水平，每 2~3 年监测一次土壤重金属元素含量，根据检测结果，有针对性地采取土壤改良措施。

有机茶园禁止清耕，应利用园内及隔离带植被、修剪枝叶和未受有害或有毒物质污染的外部作物秸秆等进行地面覆盖，提高茶园的保土蓄水能力；通过合理耕作、施用腐熟有机肥等方法改良土壤结构，对土壤深厚、松软、肥沃，树冠覆盖度大，病虫草害少的茶园可实行减耕或免耕；在幼龄或台刈改造茶园间作豆科绿肥，培肥土壤和防止水土流失。

土壤 pH 值低于 4.0 的茶园，可施用白云石粉、生石灰等物质调节土壤 pH 值；土壤 pH 值高于 6.0 的茶园可选用硫黄粉、天然酸（竹醋液等）进行调节。

根据土壤理化性质、茶树长势、预计产量、制茶类型和气候等条件，确定合理的肥料种类、数量和施肥时间，实施茶园平衡施肥，尤其防止茶园氮素施入过量。有机茶园土壤培肥应遵循“有机化、多元化、无害化和低成本化”的原则，因地制宜利用当地有效肥源，多渠道选择农家肥、矿物肥料、绿肥和生物菌肥进行土壤培肥。农家肥等有机肥料施用前应充分腐熟至无害化，其污染物质含量需符合表 5-6 规定。

表 5-6　有机肥料污染物质允许含量

项　目	浓度限值（mg/kg）
砷	≤30
汞	≤5
镉	≤3
铬	≤70
铅	≤60
铜	≤400

秋季开沟深施基肥，按照 1 500~2 000kg/667m^2 施入腐熟农家肥，施肥深度 20cm 以上。根据土壤条件，配合施用钾肥、镁肥和其他所需营养。

追肥可结合茶树生育规律进行多次，一般年追肥 2~4 次，最后一次在茶叶开采前30d左右开沟施入。补充氮素可以追施发酵非转基因豆粕、腐熟鸡粪或沼液沼渣等；补充钾、镁营养元素可以追矿质钾镁肥、草木灰等。叶面追肥时，可施用经过有机产品认证机构评估氨基酸叶面肥等，于采摘前20d左右喷施。

有机茶园有机肥应主要源于本农场或有机农场（或畜场），有特殊的养分需求时，经认证机构许可允许购入农场外的肥料。有机肥料的原料应经过充分腐熟堆制。

第三节　有机茶主要病虫害综合防治技术

一、防治原则

有机茶生产禁止使用人工合成的化学药剂，病虫害防治成为瓶颈环节。有机茶病虫害防控应从茶园生态系统角度出发，以农业防治为基础，结合生物防治，辅以物理、药剂等防治措施，综合协调各种手段，重点保护、构建茶园及周边生态环境，恶化害虫生存条件，优化天敌生存环境，丰富生物多样性，提高茶园生态系统自身协调能力，在尽可能减少药剂投入的前提下，将病虫害控制在经济阈值之下。

茶园中并非只有茶树，而是由茶树和其他动植物、微生物等生物因子，以及土壤、水分、温度和光照等非生物因子共同组成的一个生态系统。在该系统中，生物因子以食物链、网相环节，使茶树、害虫、天敌维持一个动态平衡。茶园植被丰富，物种多样性指数高，该平衡就相对稳定，害虫大爆发的可能性就会降低。另外，该平衡又受土壤、温度、光照等多种非生物因子的影响：土壤中氮素含量偏高会引起刺吸类害虫的爆发；土壤中钾含量为0时，叶片被害指数与寄生率分别为100%与50%，而当钾含量上升为50mg/kg时，两指数分别下降为10%与5%左右；双行条植的茶树由于茶丛内湿度较高、通风透光差，蚧类、粉虱类虫害通常较单行条植的茶树为重。

因此，有机茶病虫害的防治工作应遵循以下几个原则。

1. 以农业防治为基础进行综合治理

农事操作始终贯穿于茶叶生产之中，在操作过程中有目的的改变某些环境因子就能达到趋利避害的作用。实际上，操作本身就是防治的手段，既经济又通常具有较长的控制效果，还可以最大限度地减少外来物质（如药剂等）的投入。因此农业防治的基础地位不可动摇。

2. 相互协调各种防治手段以期达到最大效果

在有机茶病虫害防治体系中，各措施既独立又相互联系，应尽量协调，通盘考虑以期达到最佳效果：如人工摘除销毁各种害虫的卵块、蛹茧、护囊时，可用“大盆套小盆”等土办法保护寄生性天敌；中耕和冬耕时可每隔一定距离适当保留一些地表植被以供蜘蛛等天敌躲避或越冬；在施用植物源、矿物源药剂时要注意时间、方位以尽量保护天敌等。另外，间作、套作虽然能够更加合理地利用幼龄茶园土地，增加收入，但小绿叶蝉严重的茶园不宜种植花生、蚕豆，斜纹夜蛾严重的茶园不宜种植甘薯。

3. 预防为主，抓住病虫害的薄弱环节进行周年防治

有机茶园病虫害防控是全年周而复始的过程，而非仅仅存在于茶树生长时期。预防为主是大前提，加强检疫、病虫测报工作，从源头、初期控制病虫害往往可以达到事半功倍的效果。针对病虫害生活史的薄弱环节进行周年防控，不仅效果好，而且对整个茶园生态系统的影响也小：提高采摘标准、增加采摘轮次，可以很好地控制小绿叶蝉、茶细蛾等产卵趋嫩性的害虫；冬季认真清园、修剪、集中销毁枯枝病叶对翌年病虫害的发生可以起到很好的控制作用。

二、有害生物防治技术体系

（一）植物检疫

植物检疫即法规防治，属于强制性和预防性措施，能够从源头上控制病虫害的侵入，是解决病虫害问题的根本方法。目前，《中华人民共和国进境植物检疫危险性病、虫、杂草名录》《中华人民共和国植物检疫禁止进境物名录》所列禁止进境物名单中并没有茶叶制品，但 1978 年，东非三国（肯尼亚、乌干达、坦桑尼亚）对撒哈拉沙漠以南非洲国家茶饼病检疫的成功事例仍旧值得我们借鉴。对于国内而言，一些病虫害有着很强的地域性，如茶苗根结线虫在云南发生较重，咖啡小爪螨在福建发生较重，黑刺粉虱在江南、华南茶区发生较重，茶黄蓟马在江南、西南茶区为害较重等。在南阳市大力发展无性系茶园的背景下，引种需要严格执行植物检疫制度，调运时应予以高度重视，对跨地区引入苗木进行追踪观察，防止新病虫害侵入。

（二）农业措施

农业防治是指从茶园生态系统出发，利用各项栽培管理措施趋利避害，从而达到控制茶园病虫害发生的目的。主要措施如下。

1. 采　摘

小绿叶蝉、茶跗线螨、茶细蛾、茶蚜等很多害虫均有趋嫩的习性，茶饼病、茶白星病等病害也主要为害新梢和嫩叶。在有机茶生产过程中，根据市场需求及病虫害发生情况，适当提高采摘标准，尽量增加采摘强度，提高采净度，及时分批多次采摘，多生产特级、一级茶，消除病虫害寄生、产卵、取食

条件，上述病虫害就可以得到有效控制。

2. 修 剪

茶树修剪按程度一般分为轻修剪、深修剪、重修剪和台刈。分别是剪去树冠3~5cm，10~15cm，离地面40cm剪去和剪去全部树冠。修剪是栽培管理上的重要措施之一。适当修剪，可以促进茶树生长发育，增强树势，扩大采摘面；及时台刈能使衰老的茶树萌发更新。病虫害防控方面，修剪能够对于茶梢蛾、天牛、茶膏药病、苔藓地衣等钻蛀性害虫和枝干病害起到明显的防治作用。另外，疏枝修剪有利于通风透光，可以有效抑制蚧类、粉虱类喜郁闭环境的害虫发生。修剪作为一项栽培措施一般结合冬季管理进行，每年冬季轻修剪一次，每3年深修剪一次，除去鸡爪枝，可以取得良好效果。

3. 耕 作

尺蠖、刺蛾、丽纹象甲等鳞翅目、鞘翅目部分害虫的越冬虫态通过隐藏在茶树根部落叶或不同深度的土壤中过冬。秋冬季结合施肥进行深耕，杀死、深埋越冬害虫、病原菌，能有效减少翌年病虫基数。值得注意的是，冬耕时可适当保留一部分地表植被以利蜘蛛等茶园天敌越冬。

4. 清 园

冬季清园是植保工作中最重要的一环，也最易被生产者忽视。茶树上的病虫枝，茶园内的枯枝落叶都是病虫害的藏身之所。严格清园，剪除病虫枝，清除枯枝落叶，集中园外销毁，对于降低翌年病虫基数效果明显。

5. 其 他

合理运用其他一些农业措施，如积极选育、栽种无性系抗性品种；合理种植，疏密得当；科学间作，保护茶园周围植被，选择适当的遮阴树种；利用自然条件或人工设立植被多样性的隔离带；均衡施用有机肥，保持土壤养分均衡等都起到良好的防病、抗虫效果。

（三）物理措施

物理防治是指利用物理因子或机械装置对有害生物的生长、发育和繁殖等生命过程进行干扰，从而达到防治的目的。其中物理因子一般包括光、温、放射能、激光、红外线等；机械作用主要包括各种人工、机械器具等。有机茶生产中常用方法如下。

1. 灯光诱杀

各种鳞翅目害虫，以及蝼蛄、金龟子等害虫的成虫有较强的趋光性。利用商品黑光灯和各种自制灯光陷阱都能取得很好效果：在灯光上装置高压电网或灯下放置水盆可直接诱杀害虫。一盏20W黑光灯的有效防控面积约为4~5hm^2。架设地点应选择在茶园边缘且尽可能增大对茶园的控制面积。在无月、闷热的夜晚诱杀效果好，大风、下雨或温度偏低时效果较差，大风、雨夜时不必开灯。

2. 色板诱杀

假眼小绿叶蝉偏嗜黄绿、浅绿色，以琥珀黄（Amber Yellow）色板诱虫效果最佳，蚜虫对黄光敏感，可以利用各种（自制）色板陷行预报和防治。

色板诱杀成本较高，在露天开放式茶园中的使用效果也受到一定影响。各茶园可以根据自身情况选择使用。另外，设置低密度的色板可以作为刺吸类害虫（叶蝉、蚜虫）的预测报方法，用以判断其发生的关键时期，为药剂防治做好准备。

3. 性诱剂诱杀

有机茶园可利用性诱剂诱杀鳞翅目害虫成虫。除了购买商品性诱剂诱芯以外，生产者还可根据自身条件自制陷阱：将新羽化的茶毛虫雌蛾放入四周有胶黏物质的纱笼内制成陷阱挂在茶园内，雌蛾平均每头可诱集雄虫 10.97~22.06 头。在有条件的地区可以进行雌性外激素的粗提取：取一定数量未交尾的雌蛾，将腹部末端第三节以下剪下浸入乙醚、丙酮、乙醇、苯、二氯甲烷等有机溶剂中，利用高速组织捣碎机，以 15 000~18 000r/min 的速度捣碎，过滤，残渣用溶剂洗涤两次，弃残渣，收取滤液，于 10℃以下保存。使用时以滤纸蘸稀释不同容积的粗提物制成诱芯，下置水盆便成为一个简单的诱捕器。值得注意的是不同蛾类、不同提取工艺其外激素粗提物所稀释的倍数各有不同，须田间试验有效后自行制定。

4. 人工捕杀

对于体形较大，行动迟缓或有群集性、假死性的害虫均可利用人工捕杀。茶毛虫的一龄、二龄幼虫常常百余头群集叶背取食；蓑蛾、刺蛾的护囊、茧十分明显，在日常采茶操作中可注意消灭。丽纹象甲、铜绿金龟等遇震动则假死落地，如其他措施不力时可在发生盛期时组织劳力于茶树下铺地膜摇树捕杀。对于许多病害，摘除病叶、剪除病枝也能起到很好的防治作用。地衣苔藓也可以在雨后用半圆形的侧口竹刀刮除。人工捕获的害虫卵、幼虫、茧蛹等，其中通常含有大量未孵化的寄生性天敌，应注意保护，可用“大盆套小盆”的方法制成寄生蜂保护器，即小盆内放置害虫卵或茧蛹，大盆小盆之间放水或煤油，如有害虫成虫羽化，须在小盆上加盖瓦片或窗纱，这样，个体微小的寄生蜂孵化后可飞回茶园，个体较大的害虫无法逃逸。

（四）生物措施

生物防治是指运用某些生物（即天敌等）或其代谢产物控制有害生物种群的发生、繁殖或减轻其危害的方法，即利用有害生物的寄生性、捕食性和病原性天敌来防控有害生物。生物防治有效时间长且不产生抗药性，不污染环境，优点明显。在自然界中，每一种病虫害都受到一种或几种天敌的控制，茶园天敌主要包括如下类群，应予以重视、保护。

1. 捕食性天敌

主要包括天敌昆虫、捕食螨、蜘蛛，以及一些蛙类、鸟类等。天敌昆虫主要有捕食茶蚜、蚧类等的瓢虫、草蛉和褐蛉，捕食鳞翅目害虫的猎蝽等；捕食螨包括各种植绥螨等。蜘蛛是茶园天敌最主要类群，茶园蜘蛛种类多，尤其是结中小型网及游猎型蜘蛛，数量大，食性杂，可捕食鳞翅目、同翅目等多种害虫。

2. 寄生性天敌

主要包括膜翅目的各种寄生蜂及双翅目的一些寄生蝇。自然界茶园生态系统中姬蜂、茧蜂和小蜂等天敌，对鳞翅目害虫幼虫、蛹和卵均有防控效果。在虫情测报的基础上，于目标害虫产卵高峰期释放商品赤眼蜂，可以取得最佳效果。

3. 病原微生物

有机茶园害虫病原微生物包括细菌、真菌和病毒等。目前应用最广泛的细菌为芽孢杆菌科的苏云金杆菌（Bt），该制剂通过取食感染害虫，对茶蚕、刺蛾、茶毛虫等各种鳞翅目害虫幼虫防效明显（但也能感染家蚕，蚕区慎用）。值得注意的是，目前Bt的变种很多，不同菌种的产品对各种害虫的防治效果差异较大，应区别应用。喷施时应避免在阳光猛烈或低温（低于18℃）的情况下使用。

病原真菌主要包括白僵菌、绿僵菌、韦伯虫座孢菌等，对鳞翅目、鞘翅目、同翅目等害虫有一定的防治效果。有机茶园喷施 $(0.1\sim0.2)\times10^8$ 个/mL的白僵菌孢子液，对茶毛虫、尺蠖、象甲等类害虫的防效在70%以上。该制剂通过芽孢萌发侵入体壁消灭害虫，而孢子萌发需要高湿环境。因此，小雨、雨后或高湿时施药效果好，一般适温范围在18~28℃。

目前在茶树害虫中已分离出数十种病毒，研究、应用较广的有用于防治茶尺蠖、茶毛虫、茶刺蛾、扁刺蛾的核型多角体病毒（NPV），以及用于防治茶小卷叶蛾、茶卷叶蛾的颗粒体病毒（GV）。病毒制剂病毒潜伏期较长，一般10多天后才开始死亡，因此应注意在虫口密度较小、低龄时使用，尤其对于防治虫口密度小，发生整齐的第一代害虫，效果更好。

4. 其　他

各种昆虫病原线虫、微孢子虫也是自然界中有效的天敌类群。可广泛寄生鳞翅目、鞘翅目、同翅目、直翅目等昆虫，防治效果明显，开发利用前景光明。一些鸟类、蛙类对鳞翅目、同翅目等害虫的控制作用也十分明显。

值得注意的是生物防治效果受环境的影响较大，必须与其他措施尤其是药剂防治措施配合使用。为了更好地发挥生防的作用，我们应该有目的、有计划地通过各种途径来保障和增加天敌的数量和控制效果。

（1）创造适宜天敌生存的环境

在有机茶生产中须尽量保护和改善茶园周围自然植被，禁止清耕，刈割园内过高杂草并覆盖在茶树下；在田埂围堰间作开花绿肥或经济作物；在园内选择栽种遮阴树种；冬耕、中耕时每隔一段距离保留一部分地表植被，这些措施既保护了自然环境，又为天敌的迁入、增殖和越冬创造了良好的条件。

（2）农事操作时注意保护天敌

药剂防治时要选择适当时机，尽量避开天敌的繁殖期、活动高峰期和释放期，施药部位尽可能精确，不提倡全园内外、全株上下全面用药。人工摘除的卵、幼虫、蛹茧应放入寄生蜂保护器中，待天敌孵化离开后再集中销毁。

（3）人工引入、释放、扩繁天敌

在自然发生率低的情况下，人工大量繁殖和释放天敌可起到明显的效果。我国在茶园天敌的人工利用上取得了一些成果，目前赤眼蜂、苏云金杆菌等天敌都可以进行商品化生产，为有机茶生产提供了有力的保障。

另外，异地引进优良天敌来防治本地有害生物也是一条经济有效的途径。日本静冈县 1951 年引入红蜡蚧扁角跳小蜂防治茶树红蜡蚧，5 年后茶树红蜡蚧虫即已不须防治。另外，我国引进孟氏隐唇瓢虫防治柑橘粉蚧，引进丽蚜小蜂防治温室白粉虱都取得了明显的经济和社会效益。需要注意的是，外来物种的引进存在较大风险，紫茎泽兰、飞机草、福寿螺等的教训值得反思。因此，引进天敌之前应经过系统科学的评估，切不可盲目为之。

（五）药剂防治措施

有机茶园药剂使用应满足 GB/T 19630.1《有机产品　第 1 部分：生产》的相关要求。利用生物源、矿物源药剂进行病虫害防治，受环境条件影响小，见效快，特别适于害虫盛发期及冬季清园时使用。常用药剂包括石硫合剂、波尔多液、轻质矿物油、天然除虫菊素、苦参碱、苏云金杆菌及白僵菌等，注意根据不同病虫害发生按情况轮换施药。

三、主要病害及防治技术

（一）叶部病害

1. 茶饼病

茶饼病又名疱状叶枯病、叶肿病，病原菌为担子菌纲真菌 *Edobasidium*

rexans Massee，主要为害叶片和嫩梢。病叶制茶，味腥、苦，多碎片，危害较重。

（1）症　状

该病主要为害新梢、嫩叶，病斑初为淡黄色半透明小点，后扩大为直径6～12mm 平滑而有光泽的病斑。病斑正面凹陷，背面凸起呈饼状，上生白色或粉红色粉末，后期粉末消失，突起部分萎缩成褐色溃疡斑，甚至形成穿孔而落叶。

（2）发病规律

病原菌以菌丝体潜伏于病叶的活组织中越冬和越夏。茶饼病喜低温高湿，翌春或秋季，平均气温在 15～20℃，相对湿度达 85%以上时，菌丝发育产生担孢子，借风、雨传播侵染。长年云雾笼罩的高山茶园，湿度大的凹地、阴坡茶园发病较早且严重。施肥过重或氮素偏多可导致茶梢旺盛生长，枝叶柔嫩，如与发病盛期时间吻合则加重发病程度。

（3）防治方法

①严格检疫，禁止从病区调运带病苗木。

②均衡施肥；科学修剪，减少郁闭程度，提高树势；及时分批采摘，尽量少留新梢、嫩叶。

③冬季清园，剪除病枝病叶，喷施 0.5～1.0°Be′石硫合剂，可以抑制翌年病害蔓延。

④发病较重的茶园早春喷施 0.6%～0.7%石灰半量式波尔多液，喷施后 1 个月可以采茶；生长期喷施 500 倍氨基酸螯合铜制剂，喷施后 10d 可以采茶。

2. 茶白星病

茶白星病又名点星病，病原菌为半知菌亚门叶点霉属真菌 *Phyllosticta theaefolia* Hara，主要为害嫩叶、幼茎。病叶制茶，味苦、涩，汤色浑，品质和风味都受到极大影响。

（1）症　状

该病主要为害幼嫩茎、叶，病部初现淡褐色小点，后逐渐扩大成直径 1～2mm 的圆形病斑。病斑呈灰白色，中部略凹陷，边缘具褐色隆起的纹线与健部分界明显，潮湿条件下病斑散生黑色小粒点。嫩茎染病严重时可导致枯梢。

（2）发病规律

病原菌以菌丝体、分生孢子器在叶、茎等病组织中越冬。翌春分生孢子器中释放出大量分生孢子，经风雨传播，在湿度适宜时侵染为害，雨季多为盛发期。茶白星病喜低温高湿，气温达 18～25℃，相对湿度大于 80%时发病严重。阴湿多雾的高山茶园，以及管理粗放、缺肥、土壤中氮素偏多、采摘过度等导致树势衰弱的茶园发病较重。

(3) 防治方法

①均衡施肥，避免过度采摘，注意茶园排水，提高茶树抗病能力。

②冬季清园，剪除病枝病叶，喷施 0.5～1.0°Be′石硫合剂，可以抑制翌年病害蔓延。

③及时分批采摘减少侵染源以减轻发病。

④发病较重的茶园早春喷施 0.6%～0.7%石灰半量式波尔多液，喷施后 1 个月可以采茶；生长期喷施 500 倍氨基酸螯合铜制剂，喷施后 10d 可以采茶。

3. 茶炭疽病

茶炭疽病是茶树叶部主要病害之一，其病原菌为半知菌亚门炭疽菌属真菌 *Gloeosporium theae-sinensis* Miyake。该病多为害当年生成熟叶片，严重时大量落叶，致使树势衰弱，产量降低。

(1) 症　状

该病病斑多在叶尖、叶缘等处，初期叶片正面出现水渍状褐色小点，后扩大成不规则大斑，颜色由褐色变为焦黄色，最后成为灰白色。病斑外缘有黑褐色隆起纹线。叶背面病斑呈黄褐色。受害叶片病部与健部常以中脉为界，分界明显，后期病斑上散生许多细小黑点。

(2) 发病规律

病原菌以菌丝体在病叶中越冬，翌春气温达 20℃，相对湿度高于 80%时形成孢子，借雨水传播，也可通过采摘等农事活动人为传播。高湿环境有助于发病，高山多雾的茶园及雨季发病最为严重；土壤中氮素偏多或钾元素含量极少时，茶树叶片组织薄而疏松极易感染此病。另外，管理不当，树势弱或受冻害的茶树也易发病。

(3) 防治方法

①加强管理，均衡施肥，增强树势，提高抗病能力。

②冬季清园，剪除病枝病叶，喷施 0.5～1.0°Be′石硫合剂，可以抑制翌年病害蔓延。

③发病较重的茶园早春喷施 0.6%～0.7%石灰半量式波尔多液，喷施后 1 个月可以采茶；生长期喷施 500 倍氨基酸螯合铜制剂，喷施后 10d 可以采茶。

4. 茶圆赤星病

茶圆赤星病病原菌为半知菌亚门尾孢属真菌 *Cercospora theae* Breda de Haan，成叶、嫩叶发病较多。病树芽叶细小，病叶制茶，味苦、涩，对品质影响极大。

(1) 症　状

该病主要为害叶片，病斑初为褐色小点，后逐渐扩大成圆形，中央凹陷呈灰白色，中间散生黑色小粒点，边缘有紫褐色隆起线。潮湿时，病斑上出现灰色霉层。小病斑可以相互愈合成不规则的大斑。叶柄、嫩梢有时亦能感病。

（2）发病规律

病原菌以菌丝块在树上或落叶的病组织中越冬。翌春产生分生孢子，借风雨传播；低温、高湿易于发病，春秋多雨时病害严重；高山多雾的茶园和平原地区低洼、阴湿的茶园受害相对较重；管理粗放，土壤有机质含量少，采摘过度等导致树势衰弱的茶园也易发病。

（3）防治方法

①加强栽培管理，合理采摘，注意排水，提高茶树的抗病能力。

②冬季清园，剪除病枝病叶，喷施 0.5~1.0°Be′石硫合剂，可以抑制翌年病害蔓延。

③发病较重的茶园早春喷施 0.6%~0.7%石灰半量式波尔多液，喷施后 1 个月可以采茶；生长期喷施 500 倍氨基酸螯合铜制剂，喷施后 10d 可以采茶。

5. 茶煤病

茶煤病俗称乌油，为子囊菌亚门真菌病害。最为常见的浓色煤病，其病原物是煤炱属真菌 *Neocapnodium theae* Hara。受害茶树枝叶上密布一层煤烟状黑霉，阻碍光合作用，抑制茶树生长，严重影响茶叶品质。

（1）症　状

该病主要为害叶片和枝干，受害部为初生黑色小霉斑，后扩大布满枝叶，形成黑色或黑褐色霉层，后期霉层上散生刚毛状物或黑色小粒点。煤病的病原不同，霉层的色泽深浅，厚度及紧密程度也有差异。浓色煤病的霉层厚而疏松，后期丛生黑色短毛状物。

（2）发病规律

病原菌以菌丝体和分生孢子器或子囊壳在病部越冬。翌春，在霉层上生出孢子借风雨传播，散落在蚜虫、粉虱、蚧类等同翅目害虫的排泄物上，从中吸取养料，营腐生，并通过这些害虫的活动继续传播为害。上述害虫的存在是茶煤病发生的先决条件，害虫多则发病重，反之较轻。另外，低温潮湿的茶园发病相对较重。

（3）防治方法

①加强茶园害虫防治，严格控制同翅类害虫是预防茶煤病的根本。

②加强管理，适当修剪，保持茶园通风透光，增强树势，可减轻危害。

③冬季清园，喷施 0.5~1.0°Be′石硫合剂，可以抑制翌年病害蔓延。

④发病较重的茶园早春喷施 0.6%~0.7%石灰半量式波尔多液，喷施后 1 个月可以采茶；生长期喷施 500 倍氨基酸螯合铜制剂，喷施后 10d 可以采茶。

（二）枝干病害

1. 菟丝子

菟丝子属旋花科菟丝子属，为一年生攀藤寄生性种子植物，我国为害茶树的主要是日本菟丝子 *Cuscuta japonica*。菟丝子以吸器侵入茶树组织，与其导管和筛管相连，吸收茶树养分，导致树势衰弱以至枯死。

（1）症　状

菟丝子的茎为线状，黄色或金黄色，无根、叶。秋天开黄白色小花，蒴果，种子1~4枚，褐色，有棱。严重时茶丛枝梢间密布黄色藤蔓，十分显眼。

（2）发病规律

菟丝子秋天开花，10月左右种子成熟自行落入土中越冬，翌年5~6月萌发为害。茶园周围山茶、槭、柳等树上的菟丝子也是传染源。

（3）防治方法

①结合冬耕将菟丝子种子翻埋于10cm左右土中，可防止翌年萌发。

②如发现为害，应及时将病枝一并剪除，集中销毁。

2. 地衣、苔藓

地衣、苔藓在我国各茶区均有不同程度的发生，尤以老茶树为重。地衣是某些真菌和藻类的共生体；苔藓是较地衣为高级的一类绿色植物。茶树上生长的地衣、苔藓种类较多形状各异，严重时布满茶枝，导致树皮腐烂，严重影响茶树生长、发育。

（1）症　状

苔藓为绿色植物，生长在茶树枝干上，形似地毯或毛毡，有悬藓、羽藓、复杆藓、绢藓、耳叶苔等多种。地衣根据外形可分为叶状地衣、壳状地衣和枝状地衣。

（2）发病规律

地衣、苔藓对温、湿度较为敏感，喜阴凉潮湿。春季阴雨连绵或雨季节则生长较快；寒冷的冬节和炎热的夏季生长停止。地处阴面及排水不良、管理粗放的茶园发生相对较重。

（3）防治方法

①严重地区，可在雨后组织人员利用竹片进行刮除。

②严重的衰老茶树可通过重修剪或台刈，除掉带病枝干，集中销毁。

（三）根部病害

1. 茶苗白绢病

茶苗白绢病是苗期常见病害，病原菌是担子菌亚门薄膜革菌属的真菌 *Pellicularia rolfsii*（Sacc.）West。受害茶苗枯萎、落叶，严重时成片死亡，导致缺苗断行。

（1）症 状

该病主要发生在近地表的根部。初期病部出现褐色斑，上生白色棉毛状物，并逐渐向四周扩展形成白色绢丝状菌膜层。后期病部产生菜籽状菌核，颜色由白变黄，最后为褐色。由于病部组织腐烂，引起落叶甚至全株枯死。

（2）发病规律

病原菌以菌丝体或小菌核在病部或土壤中越冬，翌春产生菌丝，向四周扩展，蔓延到邻株，亦可通过雨水、水流及农具等传播，也可随调运苗木进行远距离传播。茶苗白绢病菌喜高温高湿，夏季发病较多。土壤过酸或排水不良的茶园，茶苗易染病。

（3）防治方法

①尽量选用生荒地为苗圃园，避免使用前茬为烟草、花生、大豆、麻等易感病作物的地块。

②严格检疫，杜绝染病茶苗进、出苗圃；选择无病苗木栽培，移栽前可用50倍石灰水浸渍根及茎基部进行消毒；栽植时每1 000株浇灌6×10^8个/g孢子哈茨木霉300g。

③发现病苗及时拔除销毁且挖除周围带菌土壤，换入新土用50倍硫酸铜溶液消毒后补种茶苗。

④发病较轻的茶苗使用250倍氨基酸螯合铜制剂灌根。

⑤加强茶园管理，提高土壤肥力，注意排水，保障茶苗健康生长，提高抵抗力。

2. 茶苗根结线虫病

茶苗根结线虫为线形动物门，线虫纲的微小无脊椎动物，主要为害茶苗和幼龄茶树的根部，破坏养分、水的吸收，导致地上部枯黄以至死亡。我国发生的根结线虫都属于根结线虫属 *Meloidogyna*。

（1）症 状

该病多发生于1~2年生实生苗或扦插苗的根部。病苗主根或侧根上出现因线虫侵入根部组织而产生的瘤状虫瘿。虫瘿小的似菜籽，大者如黄豆，表面粗糙。病根呈现深褐色，主根明显膨大，极少或无须根。地上部植株矮小，叶片发黄，严重时全株枯死。

（2）发病规律

根结线虫通过茶苗进行远距离传播，在同一茶园内借助水流及农具等传播至幼嫩根尖进行侵染，一般2年生以上茶树抗性较强。根结线虫在土表层10cm处数量最多，其最适土温为25~30℃，最适土壤湿度为40%。土壤结构疏松或前茬为感病作物的发病较重。

（3）防治方法

①严格检疫，杜绝染病茶苗进出苗圃。

②尽量选用生荒地或前茬是禾本科作物的地块作苗圃园，避免使用前茬为烟草、红薯、茄科、豆科蔬菜等易感病作物的地块。沙壤土地块不宜作为苗圃园。

③如使用前茬为易感染作物的地块，可提前两个月进行翻耕晒土：每 10d 一次，选择烈日晴天，翻耕表土暴晒并清除前作病株、残根。

④在情况不明时，选择栽培 2 年生以上茶苗。

⑤加强管理，均衡施肥，促进根系旺盛生长，提高抵抗力。

3. 茶紫纹羽病

紫纹羽病病原菌为担子菌亚门卷担菌属真菌 *Helicobasidium mompa* Tanaka，多于苗期发病，是茶树根腐病主要种类，危害性大，可导致大片茶树早期死亡。

（1）症　状

该病主要发生在根部及靠近地面的根茎部。初期病根表面出现紫红色菌丝，逐渐形成紫褐色根状菌索，后期常常出现紫褐色颗粒状菌核。茎基部 20cm 以内通常为厚毛毡状的紫红色菌丝所覆盖，为该病最显著特征。病根皮层腐烂，与木质部分离。地上部初期症状不明显，严重时枝叶枯萎，新梢萌发少，进而引起死亡，天气干热时受害尤为明显。

（2）发病规律

病原菌可土壤中存活多年，借农事操作、雨水、地下害虫及根部接触近距离传播，也可随带菌苗木调运远距离传播。高温、高湿条件，连作或前作为感病作物，复垦林地的茶园，土壤黏重、排水不良、地下水位高的茶园发病较重。

（3）防治方法

茶紫纹羽病属于慢性病害，从发病到死亡需 1 年到数年时间，且初期地上部病变不明显，待表现病状时，地下部通常已不可挽回，因此应立足于防，防重于治。主要防范措施如下。

①严格检疫，杜绝带病茶苗进出苗圃，选择无病苗木栽培。

②避免使用前茬为马铃薯、桑树、果树等易感病作物的地块作为苗圃园，复垦林地辟为茶园时，尽量清除残桩、残根。如必须使用上述地块时，移栽前可用 50 倍石灰水浸渍 1h 进行消毒；栽植时，每 1 000 株浇灌 6×10^8 个/g 孢子哈茨木霉 300g。

③加强管理，注意排水，均衡施肥，促进根系旺盛生长，提高抵抗力。

四、主要虫害及防治技术

（一）刺吸式害虫

刺吸式害虫是目前茶园害虫的主要类群，危害较大的包括同翅目的叶蝉、粉虱、蚜虫和蚧类，蜱螨目的一些螨类，以及缨翅目的蓟马。该类害虫个体小，数量大，繁殖快，喜生活在叶背、叶腋、腋芽及茶丛中下部等较为隐蔽处，蚧类等部分害虫还具有蜡质外壳，这些特性给防治，尤其是药剂防治带来了一定困难。刺吸式害虫是茶园用药的主要目标，盲目大量使用农药尤其是高毒农药，不但破坏生态环境，违反有机生产要求，而且极易导致害虫抗药性，杀灭效果不明显，造成恶性循环。有机茶生产中应以“预防为主”为指导思想，以采摘、修剪等农业防治措施为基础，加强生物防治的力度并在掌握害虫生物学特性的基础上选择其薄弱环节进行有效的药剂防治，才能达到理想的效果。

1. 假眼小绿叶蝉

假眼小绿叶蝉 *Empoasca*（*E*）*vitis*（Gōthe），属于同翅目叶蝉科，是南阳地区最重要的茶园害虫。成虫、若虫刺吸茶树嫩梢、芽叶为害，雌成虫产卵于幼嫩茶梢皮层组织内，受害芽叶边缘变黄，叶脉变红，严重时使嫩梢缩短，芽叶萎缩、焦枯；成品干茶易碎，味道苦、涩，严重影响茶叶产量与品质。亦与其他叶蝉（小绿叶蝉、黑尾叶蝉、大青叶蝉等）类混合发生，为优势种。

（1）形态特征

①成虫：黄色或淡黄绿色，雄虫体（连翅）长 3.0mm 左右，雌虫略大。头顶中部有一对具白色斑点的假单眼。小盾片中央及端部具淡白色斑。前翅透明，微显黄色，基部绿色，端部稍呈烟褐色，2、3 顶脉基部大多出自一点或有共柄。雄虫腹基部内突较长，前端近第 5 腹板后缘，下生殖板基部三角形，长为宽的 3 倍。

②卵：香蕉形，长约 0.8mm，初为乳白色，后转为淡绿，孵化前前端隐约可见 1 对红色眼点。

③若虫：形似成虫，共 5 龄，初孵若虫乳白色，后逐渐转绿，3 龄时显露翅芽，5 龄时翅芽达腹部第 5 节。

（2）生物学特性

该虫年发生多代左右。多以受精雌成虫在茶树上越冬，翌年 5 月开始为害，每年 6 月中下旬至 7 月中下旬，9—11 月分别发生两次虫口高峰，夏茶受害较重，秋茶次之。由于代数多，且成虫可陆续产卵，因此第一代以后世代重叠严重。

各阶段发育起点温度（C）及有效积温常数（K）分别为：卵期 C=(9.30±1.84)℃，K=(121.03±13.90) 日度；若虫期 C=(10.31±3.15)℃，K=(174.41±36.03) 日度；整个世代 C=(10.82±1.16)℃，K=(291.07±21.26) 日度。26~29℃变温情况下，非越冬代叶蝉其卵历期 5.61d，若虫历期 7.55d，成虫历期 19.67d。雌虫寿命长于雄虫，越冬代成虫寿命可达 150d 左右。

成虫、若虫均具强趋嫩性，多栖于嫩梢叶背为害，产卵多在枝梢 2~3 叶间。该虫 3 龄后行动迅速，喜跳跃横行，受惊则头朝下向枝梢基部快速潜逃。成虫、若虫不喜阳光直射，正午时多向蓬面内部阴凉处转移，阴雨及大风天多蛰伏不动。成虫飞翔能力不强，具一定的趋光性，对普通光亦有反应，偏嗜黄绿色、浅绿色，以琥珀黄（Amber Yellow）色板诱虫量最大。

该虫喜时晴时雨，适温高湿的天气。一般低海拔地区每年春末夏初和秋后出现两次高峰，以第一次高峰危害较大，若冬季气温偏低或有春寒等现象导致虫口上升较慢，第一次高峰尚未形成已到炎夏，则秋季累积形成全年唯一高峰，反之则夏初第一次高峰出现早且虫量大。高海拔茶园区由于秋季气温下降较快，因此全年只出现 1 次高峰。

不同茶树品种抗性各异：叶片栅栏组织厚度、海绵组织厚度、主脉表皮层厚度及主脉下发厚角组织厚度与假眼小绿叶蝉虫口密度呈极显著负相关；与叶片中咖啡因含量呈显著负相关；与可溶性蛋白质含量呈负相关；与氨基酸及茶多酚含量的关系不明确。

假眼小绿叶蝉天敌的主要类群为蜘蛛，卵期天敌有黑卵蜂及一种缨小蜂（*Anagrus* sp.）等寄生性天敌。

（3）防治方法

①保护等天敌，冬耕时适当保留部分地表植被以利蜘蛛等茶园天敌越冬。生长季节如非恶性杂草，不必根除，将过高部分割下覆盖在茶蓬下即可。

②冬季彻底清园，结合冬剪喷施 1°Be′石硫合剂。

③分批及时采茶，结合市场需求适当提高采摘标准，多采特级、一级茶，保证 5d 左右回采一次，能有效控制虫口的增长。

④科学水肥管理，维持氮、钾等营养均衡；合理修剪，保持通风透光。

⑤出蛰后，每 5d 调查一次，可于无风晴天按 5 点取样，每点随机调查全展叶片 100 片，逐一轻轻翻看，注意已触动叶片不要查看，若夏茶百叶虫口达 5~6 头或秋茶百叶虫口达 10~12 头时，可选择 1.5%天然除虫菊素 600 倍在清晨露干后或下午日落前，注意尽量喷到叶背面。

2. 黑刺粉虱

黑刺粉虱 *Aleurocanthus spiniferus*（Quaintance）又名桔刺粉虱，属同翅目粉

虱科，成虫、若虫喜群集老叶背面刺吸为害，分泌大量“蜜露”，引发煤烟病，阻碍光合作用，严重时树势衰退，芽叶稀瘦，甚至枯死。

（1）形态特征

①成虫：橙黄色，体长 0.95~1.35mm，覆有白色蜡粉。前翅紫褐色，周缘具 7 枚白斑；后翅色淡，无斑纹。

②卵：长 0.21~0.26mm，略似香蕉形，基部由一短柄连接于叶背；初产时乳白色，后逐渐变深。

③若虫：初孵若虫体长约 0.25mm，长椭圆形，淡黄色，具足。定居后体色渐黑，周缘出现白色蜡圈，背侧具刺 6 对。二龄若虫体长约 0.5mm，背侧具刺 20 对。三龄若虫体长约 0.7mm，背侧具刺 14 对。

④蛹：蛹壳宽椭圆形，长 1.0~1.2mm，宽 0.70~0.75mm，漆黑有光泽。体缘具蜡质白圈，亚缘刺雄蛹 10 对，雌蛹 11 对；沿背脊两侧约有黑刺 19 对（头胸部 9 对，腹部 10 对）。

（2）生物学特性

该虫年发生多代，以末龄若虫在茶树叶背越冬。成虫飞翔能力不强，喜群集于茶蓬中下部叶片背活动、产卵。每雌产卵 20 粒左右，卵期 10~15d。若虫孵化后多就近定居为害，历期 20~30d，老熟后于原处化蛹。蛹期 7~34d，羽化后，壳背面留有一“⊥”形裂口。成虫期 3~6d，雌成虫可进行孤雌生殖，但子代均为雄虫。长势郁闭、阴湿及向阳背风的茶园发生较重。

（3）防治方法

①保护茶园周围生态环境，增加蜘蛛、瓢虫及寄生蜂等天敌的自然控制作用。

②冬季彻底清园，结合冬剪喷施 1°Be′石硫合剂。

③科学水肥管理，维持氮、钾等营养均衡；结合修剪、疏枝，改善茶园通风透光条件。

④黑刺粉虱虫口密度达到 6 头幼虫/叶时，喷施 2.92×10^8 个孢子/mL 的韦伯虫座孢菌（梅雨季节或秋雨季节使用效果最好）。

3. 柑橘粉虱

柑橘粉虱 *Dialeurodes citri* Ashmead 又名通草粉虱、橘裸粉虱，属同翅目粉虱科，为害状况与黑刺粉虱相似。

（1）形态特征

①成虫：淡黄色，体长 1.0~1.2mm，体表覆有蜡粉，前后翅均白色。

②卵：长椭圆形，长约 0.22mm，宽约 0.09mm，淡黄色，基部由一短柄连接于叶背面。

③若虫：椭圆形，略扁，背脊稍凸起，周缘多放射状白色蜡质丝，具17对小突起。

④蛹：蛹壳短椭圆形，腹节前部最宽，淡黄绿色。雌蛹长1.45~1.55mm，宽1.16~1.21mm，雄蛹略小。前后体侧缘各具1对刚毛。

（2）生物学特性

该虫年发生多代，以若虫或蛹在叶背越冬。卵多散产于徒长枝嫩叶背，若虫孵化后原位定居为害，并分泌棉絮状蜡质丝。若虫共3龄，趋嫩、喜阴湿，徒长枝和茶丛中下部嫩叶虫口较多。

（3）防治方法

同黑刺粉虱防治方法。

4. 茶　蚜

茶蚜 *Toxoptera aurnantii* Fonscolombe，又名茶二叉蚜、可可蚜，俗称腻虫，属同翅目蚜科，为南阳茶园主要害虫之一。成虫、若虫群集于嫩梢、叶片刺吸为害，受害茶树生长缓慢，芽叶枯黄萎缩；分泌"蜜露"引发煤烟病，成品干茶味腥、汤混，品质低劣。

（1）形态特征

①有翅蚜：黑褐色，长约2mm，前翅中脉分二叉，腹管短于触角第四节。有翅若蚜颜色稍浅，翅芽乳白色。

②无翅蚜：棕黑色，肥大，体表布满细密网纹。若蚜颜色稍浅。

③卵：椭圆形，长约0.6mm，宽约0.24mm，漆黑色具光泽。

（2）生物学特性

该虫年发生20代以上，以卵在叶背越冬；温暖地区以无翅蚜越冬或无明显越冬现象。孤雌生殖，繁殖力强，一头无翅成蚜可产若蚜35~45头；春秋两季发生严重，盛夏高温虫口较少。

茶蚜趋嫩性较强，多于嫩叶及新梢1~2片叶背面为害，下部徒长枝虫口密度较大。早春晴暖少雨，芽叶生长较快时虫口增加迅速，反之虫口较少。一般情况下凡芽梢留养时间长的，茶蚜发生重。

（3）防治方法

①保护茶园周围生态环境，增强天敌的食蚜蝇、瓢虫、草蛉及蚜茧蜂等天敌自然控制能力，有条件的地区可购买或助迁瓢虫、草蛉进行防治。

②适当提高采摘标准，增加采摘轮次，控制效果较好。

③科学水肥管理，维持氮、钾等营养均衡，提高树势。

④当蚜芽梢率达到4%~5%或叶片平均蚜量超过20头时，喷施1.5%天然除虫菊素600倍液，可结合叶蝉的发生进行防治。

5. 日本蜡蚧

日本蜡蚧 *Ceroplastes japonicus* Green，又名日本龟蜡蚧，属同翅目蜡蚧科，成虫、若虫刺吸枝、叶，分泌“蜜露”引发煤烟病，使茶树双重受害，导致生长衰弱、枯死，严重影响茶叶的产量和品质。

（1）形态特征

①成虫：雌雄二型，雌成虫暗紫色，椭圆形，体长 2.5~3.3mm，触角 6 节，足发达。蜡壳形似龟甲，长 3~4mm，灰白色，中部凸起，边缘蜡壳厚且弯曲，表面具龟甲形纹；雄成虫无蜡壳，具翅一对，体棕褐色，长 1mm 左右，翅展 1.8~2.2mm。

②卵：椭圆形，长 0.27mm，宽约 0.13mm。

③若虫：初孵若虫椭圆形，扁平，颜色淡褐，触角及足灰白色。老龄雌若虫蜡壳与雌成虫相似；雄若虫蜡壳雪白色，较小，瘦长，中部有一狭长的纵向凸起，周围环绕 13 块蜡角。

④蛹：椭圆形，紫褐色。

（2）生物学特性

该虫年发生 1 代，以受精雌成虫于茶树枝干上越冬。初孵若虫迁移叶面刺吸为害，固定 1 周后分泌蜡壳覆盖身体，随着龄期增加，蜡壳不断加厚。后期，雌若虫陆续转移到枝干上生活，雄若虫继续留在叶面上至化蛹、羽化、交尾后死亡。雌成虫卵期一般为 7~10d，卵量在 400~5 000 粒，因个体大小及寄主不同差异很大，卵量（个）与雌成虫体重（mg）最为相关，其方程式为 $Y_{卵量}=-345.9+294.2X_{体重}$。

日本蜡蚧幼虫及蛹期有一些寄生性天敌，优势种有短腹小蜂 *Scutellista* sp.、两种软蚧蚜小蜂 *Coccophagus* spp. 和敕食蚜小蜂 *Coccophagus lycimnia* (Walker) 等。

（3）防治方法

①严格检疫，杜绝带虫茶苗进出茶园。

②保护茶园周围生态环境，尽量提高短腹小蜂、蚜小蜂等天敌的自然控制能力。

③冬季彻底清园，喷施 1°Be′石硫合剂；结合冬剪对越冬雌成虫较多的枝条进行疏枝或用竹刀刮除。注意带虫枝条放入寄生蜂保护其中，待蜂大量羽化后再销毁。

④科学水肥管理，维持氮、钾等营养均衡；结合修剪、疏枝，改善茶园通风透光条件。

⑤茶树休眠期喷施轻质矿物油 25 倍液；1~2 龄若虫，喷施 5%鱼藤酮 600

倍液或软钾皂 50 倍液。

6. 茶橙瘿螨

茶橙瘿螨 *Acaphylla theae*（Watt），属蜱螨目瘿螨科，成螨、若螨刺吸芽、叶为害，受害叶片主脉发红，叶背出现褐色锈斑以至叶片扭曲，芽叶萎缩，严重时枝叶干枯，后期大量落叶，严重影响产量及品质。

（1）形态特征

①成螨：长圆锥形，橘红色，略似胡萝卜，体长约 0.14mm，宽约 0.06mm，足 2 对，身体后半部分具环状皱纹。

②卵：球形，无色半透明，直径 0.04mm。

③幼螨、弱螨：体形较成螨小，颜色较淡，后部环状纹不明显。

（2）生物学特性

该虫年发生 20 代以上，世代重叠严重，以各虫态在茶树叶背越冬。卵散产，以叶背侧脉凹陷处为多。每雌平均产卵 20 粒左右，最高可达 50 粒，亦大量孤雌生殖，一般气温在 18~26℃，相对湿度 80%以上，易于生长繁殖，连续降水特别是暴雨冲刷后，虫口急剧下降。

该虫以茶丛中上部叶背为多，同一枝梢上以胎叶及第一真叶虫口密度最高。茶橙瘿螨每年发生 1~2 次高峰，凡“单峰型”年均在秋茶期间发生，“双峰型”年春夏茶和秋茶期间各发生一次，但通常以春夏茶受害较重。1 月的降水总量和相对湿度数值越大，茶橙瘿螨的高峰期越迟，全年发生“单峰型”的可能性也越大。

茶树叶片绒毛密度高、上表皮角质化程度强及气孔密度低；鲜叶茶氨酸、谷氨酸、天冬氨酸、咖啡因含量较高，水溶性糖、还原糖含量较低的品种抗性较强。

（3）防治方法

①冬季清园，喷施 0.5~1.0°Be′石硫合剂，压低越冬虫口基数。

②受害茶园结合市场需求适当提高采摘标准，增加采摘轮次，有一定防治效果。

③科学水肥管理，维持氮、钾等营养均衡；结合修剪、疏枝，改善茶园通风透光条件。

④每叶虫口大于 10 头时喷施 1.5%天然除虫菊素 600 倍液，茶丛中上部及叶片背面应特别注意。

（二）食叶类害虫

食叶类害虫包括鳞翅目昆虫幼虫及少数鞘翅目昆虫成虫，危害较大的包括毒蛾科、尺蛾科、卷叶蛾科、蓑蛾科、刺蛾科幼虫及部分象甲科成虫。该类害虫直接取食叶片，危害性强，且食量大，大龄幼虫常具有暴食性，一旦暴发，损失不可挽回。食叶类害虫易出现地区性暴发，防治情况不容忽视，但此类害虫体形大，移动缓慢，幼龄时多有群集性，卵、茧及护囊等较为明显，易于发现，为药剂防治和人工捕杀创造了有利条件。食叶类害虫防治策略应为在防治好刺吸类害虫的基础上辅以人工捕杀，在大发生时点、片进行药剂防治。另外，鸟类对其控制作用较为明显，应注意保护茶园周围的生态环境。

1. 茶毛虫

茶毛虫 *Euproctis pseudoconspersa* Strand，又名茶毒蛾，俗称毛辣虫、摆头虫，属鳞翅目毒蛾科。幼虫咬食叶片为害，受害茶树叶片残缺不全，严重时仅剩秃枝，产量和品质大大下降。幼虫虫体具毒毛，触及人体皮肤引起红肿、痛痒，妨碍各项农事操作，为南阳地区主要鳞翅目害虫之一。

（1）形态特征

①成虫：雌蛾体长8~13mm，翅展26~35mm；前翅深褐色，臀角、顶角黄色；顶角黄色区内有2枚黑点，内横线、外横线黄白色；后翅颜色略浅。雄蛾体形小，长6~10mm，翅展20~28mm；前翅浅茶褐色，前缘、臀角、顶角、内横线、外横线黄色，其余特征同雌蛾。

②卵：卵粒扁球形，淡黄色，数十粒至上百粒聚集成块状。卵块长8~12mm，宽5~7mm，表面覆盖一层雌蛾腹部的黄褐色绒毛。

③幼虫：6龄或7龄，初孵幼虫淡黄色，具黄色、白色长毛，后期黑色毛瘤逐渐增多。老熟幼虫体长约20mm，头部褐色，胸腹部土黄色，前胸至第九腹节每节各具8个着生黑、黄色毒毛的黑色绒球状毛瘤。

④蛹：短圆锥形，长7~10mm黄褐色，密生短毛，末端着生钩状臀棘1束。

⑤茧：长约12~14mm，土黄色，丝质。

（2）生物学特性

该虫年发生3代，以卵在茶株中下部叶片背面越冬。幼虫危害高峰期分别为4月下旬至5月下旬，7月上旬至8月上旬，8月中旬至10月上旬。成虫多于黄昏后活动，雄蛾飞翔能力及趋光性强于雌蛾。羽化当日即可交尾产卵，卵多产在茶树中下部老叶背面近主脉处。每雌可产卵50~200粒，一般一次产完。1~2龄幼虫喜群集叶背为害，取食叶片下表皮及叶肉，保留上表皮，被害处呈明显的网膜斑。3龄后食量大增，开始分群迁移为害，取食整个叶片，受惊则吐丝下落。4龄后有暴食习性，受惊后即停止不动并抬头左右摆动。幼虫怕强光、高温，正午时多向茶丛中下部转移。老熟幼虫爬至茶树根际落叶下或土缝中结茧化蛹，深度一般为4~7cm，阴暗湿润处蛹量较多。

早春气温偏高则发生较早、较重，如遇高温干旱天气则羽化率降低，产卵量减少；雨季有利于细菌病害的发生，对茶毛虫有一定的抑制作用，暴雨冲击，也可以使大批幼虫落地死亡。

（3）防治方法

①保护茶园周围生态环境，尽量提高黑卵蜂、赤眼蜂、姬蜂、茧蜂等寄生性天敌的自然控制能力。

②冬季彻底清园，结合冬剪人工除卵；结合采茶人工消灭群集低龄幼虫。

③利用黑光灯、性诱剂诱杀成虫。

④于田间收集罹病虫体，每 667m^2 作用用量 30 头，捣碎稀释 100 倍左右，喷雾，10d 后病虫停止取食，15d 后大量死亡。

⑤成虫发生高峰后 1~2d，人工释放 5 万头/667m^2 松毛赤眼蜂，按 4：4：2 比例，每 5d 一次，共计释放 3 次。

⑥ 2 龄以前喷施 1.6%倍苦参碱水剂 800 倍液。

2. 茶尺蠖

茶尺蠖 *Ectropis oblique hypulina* Wehrli，俗名拱拱虫、量寸虫，属鳞翅目尺蛾科。幼虫取食枝叶为害，严重时，茶丛枝干光秃状如火烧，造成树势衰弱，产量大幅度下降，为南阳地区主要害虫之一。

（1）形态特征

①成虫：灰白色，体长 9~12mm，翅展 22~35mm，翅面多茶褐色至深褐色鳞片。前翅内横线、外横线及亚外缘线褐色，波浪状，中横线不明显，外横线中部外侧有 1 个暗斑；后翅较短小。秋型成虫颜色较深，体形稍大。

②卵：椭圆形，长约 0.8mm，常数十、成百粒堆叠成块状，上覆刺蛾灰白色毛。

③幼虫：体灰褐至茶褐色，光滑无锥突，腹部第二节背面具明显“八”字形纹，第三、第四节背面具灰褐色菱形纹，第八节背面具褐色倒“八”字纹，老熟时体长 26~30mm。

④蛹：长椭圆形，10~14mm，赭褐色，第五腹节前缘两侧各具一眼斑。

（2）生物学特性

该虫年发生 5~6 代，以蛹在茶树根际表土中越冬，翌年 4 月上旬羽化，4 月下旬第一代幼虫开始发生。成虫昼伏夜出，具趋光性及趋化性。卵多成堆产于茶丛枝叉间、茎基裂缝中及枯枝落叶间，每雌平均产卵 300 粒左右，最高可达 700 余粒。幼虫 2 龄以后畏光，常栖于叶背或茶丛隐蔽处，以腹足固定，体躯离开枝叶成一定角度，作枯枝状隐蔽，受惊后吐丝下垂逃逸。幼虫晨昏取食最盛，3 龄后食量暴增，严重时连叶脉、叶柄甚至嫩梢表皮一并吞食，致使树势衰弱，耐寒力差。老熟幼虫落到树冠下，入土化蛹，一般深度为 1cm 左右，越冬蛹不超过 3cm，水平方向上在茶丛基部 33m 之内，向阳面居多。

低海拔、背风向阳及留叶多生长郁闭的茶园发生较重。春季温度偏高，阴雨多雾，适宜卵的孵化及成虫羽化，则夏秋虫口上升速度较快。

（3）防治方法

①保护茶园周围生态环境，尽量提高寄生蜂等天敌的自然控制能力。

②结合冬季翻耕施肥，清除或深埋树冠附近表土中越冬蛹；在根际培土 30cm 以上压实，效果更好。

③利用黑光灯、性诱剂诱杀成虫。

④在 1～2 龄幼虫期喷施 Bt 或 2×10^{10} PIB/L 的茶尺蠖核型多角体病毒（NPV），清晨及傍晚幼虫取食期施药效果最佳，注意自下而上由外向内施药，防止幼虫吐丝下垂。

⑤成虫发生高峰后 1～2d，人工释放 5 万头/667m^2 松毛赤眼蜂，按 4∶4∶2 比例，每 5d 一次，共计释放 3 次。

3. 茶蓑蛾

茶蓑蛾 *Clania minuscule* Butler，又名茶背袋虫、茶避债虫，属鳞翅目蓑蛾科。除雄性成虫外，其他虫态终生负囊，取食叶片、嫩梢。茶蓑蛾喜聚集发生，易形成“为害中心”，严重时导致茶丛光秃，对产量影响较大。

（1）形态特征

①成虫：雄蛾褐色，体长 6～8mm，喙退化，触角双栉状，胸背部具两条白色纵纹。翅褐色，略透明，翅展 18～20mm，前翅近外缘具两个长方形透明斑。雌成虫无翅，隐于护囊中，无足，体长 12～16mm，头小，褐色，体乳白色，腹部肥大，卵粒隐约可见。

②卵：椭圆形，长约 0. 8mm，淡黄色。

③幼虫：体色肉黄色或肉红褐色；头部黄褐色，两侧并列黑褐色纵纹；胸部各节具 4 个黑褐色斑，各腹节背面具 4 个“八”字形黑色小突起。老熟幼虫体长 15～28mm。

④护囊：纺锤形，丝质，囊外缀满断截的枝梗，纵向并列，排列整齐。老熟幼虫护囊长 25～30mm。

⑤蛹：雄蛹咖啡色，长约 13mm，腹背第三至第六节前后缘及第七、第八节前缘具一列细齿。雌蛹略长，无触角及翅芽，第三节前缘及第六节后缘无齿，其余似雄蛹。

（2）生物学特性

该虫发生年 1 代，以幼虫在枝叶上的护囊中越冬。翌春气温回升至 10℃左右出蛰为害，此时幼虫贪食，常造成冬芽殆尽，春茶局部绝收。幼虫一般6龄，老熟后将蓑囊上口固着密封，虫体向下倒转化蛹。羽化前雄蛹向下蠕动，半身自护囊下部排泄孔露出，羽化后飞出。雌成虫仍留在囊内，羽化时雌蛹在护囊内沿蛹壳胸部环裂，露出头部、胸部，腹部仍留在胸壳内。头部释放性外激素吸引雄蛾。交尾时，雄蛾伏于雌蛾囊外，腹部极度拉长，自排泄孔深入护囊，沿雌蛹壳内壁伸至雌虫体末完成交尾。雌蛾产卵于蛹壳内，每雌平均产卵700粒左右，最多可达2 000~3 000粒。幼虫孵化后，先取食卵壳，再从排泄孔中涌出，着叶后即开始营囊护体。幼虫负囊活动，为害时仅头及前、中胸伸出护囊取食，随着虫体生长，护囊亦不断扩建增大，4龄后咬断小枝梗纵向粘缀于囊外。由于雌蛾无翅，只在化蛹原地产卵，幼虫自身扩散能力也十分有限，因此发生较为集中，常常数百头聚集母囊附近形成局部“为害中心”。

（3）防治方法

①结合冬季清园，摘除越冬护囊，放入天敌保护器中，待天敌飞出后销毁。

②生产期间注意随时检查，发现“为害中心”，人工消灭。

③二龄幼虫前，喷施Bt或（0.5×10^8）~（2.0×10^8）活孢子/mL青虫菌，效果较好，但幼虫死亡较慢。

④成虫盛发期，悬挂黑光灯诱杀雄成虫。

⑤保护茶园周围生态环境，提高姬蜂、小蜂等天敌自然控制能力。

4. 丽纹象甲

丽纹象甲 *Myllocerinus aurolineatus* Voss，又名黑绿象虫，属鞘翅目象甲科。成虫取食嫩叶，受害叶片边缘呈锯齿状缺刻，所制干茶叶底外观差，严重影响品质。

（1）形态特征

①成虫：体长6~7mm，淡黑色，触角膝状，端部膨大，着生于象鼻状的额端部。鞘翅布满由黄绿色细毛组成的斑点和条纹。

②卵：椭圆形，长0.48~0.57mm，宽0.35~0.40mm。

③幼虫：体色黄白，多横褶，无足，老熟时体长6mm左右。

④蛹：离蛹，长6mm左右，黄白色，各体节背面有刺状突6~8枚。

（2）生物学特性

该虫年发生1代，以老熟幼虫在茶丛树冠下土中越冬。初羽化的成虫乳白色，体软，需在土中潜伏1~2d，待体壁转黑变硬后才出土为害，一天中，以16—20时取食最为活跃。成虫善爬行，有假死性，受惊则堕地假死。多于黄昏至晚间交尾，雌虫于翌日入土产卵。幼虫孵化后，在土中取食有机质和须根。

土内分布特征为：垂直向，88%以上的幼虫、蛹分布在0~10cm的表土中；水平向79%左右的幼虫、蛹分布在茶树基部33cm之内。

（3）防治方法

①利用假死性，在成虫盛发期振动茶树，以农膜或塑料布等工具承接，集中销毁。

②根据幼虫、蛹的空间分布规律，结合冬季施肥等措施，适当浅耕，可以消灭一部分幼虫、蛹。

③生长季节茶园土施0.1kg/667m^{2}环孢白僵菌粉，对幼虫和蛹有一定的杀灭效果。

（三）钻蛀性害虫

茶梢蛾

茶梢蛾*Parametriates theae* Kus. 属鳞翅目尖翅蛾科。幼虫前期潜食叶肉，后期迁至嫩梢内蛀食为害。被害叶片形成黄褐圆斑，被害枝梢萌芽迟缓，持嫩性差，芽头稀疏瘦弱，严重者枝梢中空枯死，对茶叶的品质影响较大。

（1）形态特征

①成虫：体长5~7mm，触角丝状，略长于前翅。前翅狭长，赭灰色，散布黑色小点，中部具圆形黑斑一对，缘毛长。后翅披针形，色淡，后缘缘毛长于翅宽。

②卵：椭圆形，细小，初期灰绿色，孵化前黄褐色。

③幼虫：黄白色，头部颜色较深，体表有稀疏短毛，腹足不发达，老熟时体长6~10mm。

④蛹：长约5mm，细长筒形，黄褐色，腹部末端有1对向上伸出的棒状突起。

（2）生物学特性

该虫年发生1代，以幼虫在枝梢或叶片内越冬。初孵幼虫首先潜叶为害，3龄后移至夏梢、秋梢内蛀食，蛀孔以胎叶上部第一、第二节间居多。每头幼虫可转移为害1~3个嫩梢，虫道长约10cm，蛀孔下方叶片上落有虫粪，蛀孔处粗大易折。老熟幼虫先在枝梢上作一圆形小羽化孔，结一薄茧化蛹。成虫傍晚活动，飞翔能力差，趋光性弱。卵多产于茶丛中下部枝梢第二叶以下的叶柄与腋芽间或腋芽与枝干间的缝隙中，每处2~5粒不等。

茶梢蛾在枝、叶内越冬，耐寒能力较强，高海拔茶园越冬死亡率略高于低海拔茶园。留养水平高的茶园，适宜茶梢蛾生存，虫口密度较大。

（3）防治方法

①严格检疫，杜绝带虫茶苗进出茶园。

②结合冬剪，自虫道孔处剪除虫枝，集中园外销毁。

③发生较为严重的地块，可组织人工采摘修剪带虫枝叶，集中销毁。

④保护茶园周围生态环境，提高寄生蜂等天敌自然控制能力。

（四）地下害虫

铜绿丽金龟

铜绿丽金龟 *Anomala coruplenta* Motschulsky 属鞘翅目丽金龟科，幼虫（蛴螬）啃食嫩根，影响水分、养分吸收与运输，导致树势早衰。

（1）形态特征

①成虫：体长约 20mm，宽约 10mm。前胸背板两侧黄绿色。鞘翅铜绿色有光泽，上具 3 条隆起的纵纹。

②卵：椭圆形，长约 4mm，初时乳白色，后为淡黄色。

③幼虫：蛴螬形，长约 40mm，头黄褐色，体乳白色，身体弯曲呈“C”形。

④蛹：裸蛹，椭圆形，淡褐色，外具土室。

（2）生物学特性

该虫年发生 1 代，以幼虫在土内越冬。成虫昼伏夜出，具假死性和趋光性，于傍晚 18—19 时飞出进行交配产卵，20 时以后开始为害，凌晨 3—4 时重新到土中潜伏，以 20—22 时灯诱数量最多。成虫喜欢栖息在疏松、潮湿的土壤中，潜入深度一般为 7cm 左右，卵多产于根际附近 5~10cm 土层内，孵化幼虫在土内为害根系，入冬前潜入深土层越冬，表层土壤含水量为 15%~20%时，有利于幼虫生活。

（3）防治方法

①施用充分腐熟有机肥；适期进行秋耕、春耕消灭害虫。

②悬挂黑光灯及糖醋酒液诱杀成虫；利用假死性人工捕杀成虫；园区周边种植蓖麻、紫穗槐隔离带诱杀成虫。

③科学控制土壤含水量，适当控湿或灌溉可以抑制金龟甲的发展。

④利用白僵菌、绿僵菌防治幼虫。

第四节　有机茶生产方案

一、基地环境

有机茶生产基地应边界清晰、周围生态环境良好，土质疏松、土层厚度 80cm 以上、土壤有机质含量高于 1.5%、pH 值 4.5~6.0、排灌方便，年降水量 800~1 000mm 的黄棕壤地块建设有机茶园。

有机茶生产基地至少应距离主城区、工矿区、交通主干线、工业污染源、生活垃圾场等5km。

有机茶基地环境质量应符合本章第一节中相关要求。

二、栽培模式

1. 园区建设

茶园选址应充分利用茶园周边次生林、山脊、溪流等自然条件或通过防风林等植被建设，设置隔离带，丰富茶园生物多样性水平，防止禁用物质飘移入内。

开垦基地须注意水土保持，15°以下缓坡地按等高线开垦；15°以上的山皮宜修筑等高梯田园地；开垦深度应在60cm以上，破除土壤中硬塥层、网纹层急犁底层等障碍层。坡度大于25°，土壤深度小于60cm，以及其他不宜种植茶树的区域应保留自然植被。集中连片的茶园可因地制宜种植遮阴树，遮光率控制在20%~30%。禁止毁坏森林发展有机茶园。

根据茶园基地地形、地貌、合理设置场部（茶厂）、种茶区（块）、道路、排蓄灌水利系统及防护林带等；建设合理的道路系统，连接场部、茶厂、茶园和场外交通，提高土地利用率和劳动生产率；建立完善的排灌系统，做到能蓄能排。

2. 苗木要求

有机茶园禁止使用基因工程相关技术繁育的种子和苗木，苗木需满足本章第一节中相关要求。

3. 栽植方法

苗木栽植前用100倍硫酸铜液浸泡5min；栽植时，每1 000株浇灌6×10^8个/g孢子哈茨木霉300g。采用单行或双行条栽方式种植，种植前施足有机底肥，深度为30~40cm。

4. 整形修剪

根据茶树的树龄、长势和修剪目的分别采用定型修剪、轻修剪、深修剪、重修剪和台刈等方法，培养优化型树冠，复壮树势。覆盖度较大的茶园，每年进行茶树边缘修剪，保持茶行间20cm左右的间隙，以利田间作业和通风透光，减少病虫害发生。

修剪枝叶应留在茶园内，粗干枝粉碎堆肥或直接还田以利于培肥土壤。病虫枝条应及时清除出园，病虫枝待寄生蜂等天敌逸出后再行销毁。

三、土壤管理

按照本章第二节相关要求进行。

四、病虫害控制

按照本章第三节相关要求进行。

五、产品品质

根据加工需求，依据采留结合、量质兼顾的原则，因树制宜按标准适时采摘。手工采茶需保持芽叶完整、新鲜、匀净，不夹带鳞片、茶果与老枝叶。机械采茶应使用无铅汽油，防止汽油、机油污染茶叶、茶树和土壤。

采用清洁、通风性良好的竹编网眼茶篮或篓筐盛装鲜叶。采下的茶叶应及时运抵茶厂，防止鲜叶变质和混入有毒、有害物质。

有机茶农药残留“0”检出，重金属残留量满足 GB 2762《食品安全国家标准　食品中污染物限量》相关要求。

参考文献

董民，杜相革，杨东鹏. 2004. 中国有机茶生产技术的研究和应用［J］. 中国农学通报，3：54-57.

董民，杜相革. 2009. 有机果品生产通用技术［J］. 烟台果树，3：11-12.

杜相革，董民，等. 2006. 有机农业在中国［M］. 北京：中国农业科学技术出版社.

杜相革，董民. 2006. 有机农业导论［M］. 北京：中国农业大学出版社.

杜相革，史咏竹. 2004. 木醋液及其重要成分对土壤微生物数量影响的研究［J］. 中国农学通报，2：59-62.

杜相革，王慧敏，王瑞刚. 2002. 有机农业原理和种植技术［M］. 北京：中国农业大学出版社.

曲再红，杜相革. 2004. 不同土壤添加剂对番茄苗期土壤根际微生物数量的影响［J］. 中国农学通报，3：48-50，117.

辛苗，杜相革，朱晓清. 2010. 不同氮水平对黄瓜蚜虫生长发育的影响［J］. 植物保护学报，37（5）：408-412.

尹哲，李金萍，董民，等. 2017. 东亚小花蝽对西花蓟马、二斑叶螨和桃蚜的捕食能力及捕食选择性研究［J］. 中国植保导刊，37（8）：17-19.

张宝香，杜相革. 2007. 有机肥不同用量对瓜蚜和叶螨种群数量及黄瓜产量的影响［J］. 中国蔬菜，（2）：22-24.

张乐，杜相革. 2008. 季节时序模型在温室内日湿度预测中的应用［J］. 北方园艺，（4）：124-126.

中华人民共和国国家质量监督检验检疫总局，中国国家标准化管理委员会. 2012. GB/T 19630—2011：有机产品［S］. 北京：中国标准出版社.

后　记

有机农业是一种环境友好型的技术体系。河南省南阳市作为南水北调中线工程核心水源地，把保水质、保生态与提品质、促增收有机结合起来，大力发展有机农业产业，即是践行习总书记“绿水青山就是金山银山”生态文明思想的具体行动，又是推进农业供给侧结构性改革的重要举措。南阳市农业局根据多年来发展有机农业的实践经验，组织并委托相关专家编写此书，以期推动南阳有机农业产业的规范生产和健康发展。本书编撰过程中，得到了中国农业大学、北京农学院、华佳（北京）有机农业有限公司及南阳市生态文明促进会等单位的大力支持，在此表示感谢。受编者水平所限，本书不足之处，恳请读者批评指正。

捕食螨

释放捕食螨的有机蔬菜基地

有机茶叶基地

采用色板的有机蔬菜基地

生菜基地

胡萝卜基地

蔬菜种植专业合作社有机蔬菜

黄金梨基地